JN016111

バイオインフォマティクスシリーズ **2**

生物ネットワーク解析

浜田 道昭 監修

竹本 和広 著

コロナ社

シリーズ刊行のことば

　現在の生命科学においては，シークエンサーや質量分析器に代表される計測機器の急速な進歩により，ゲノム，トランスクリプトーム，エピゲノム，プロテオーム，インタラクトーム，メタボロームなどの多種多様・大規模な分子レベルの「情報」が蓄積しています。これらの情報は生物ビッグデータ（あるいはオミクスデータ）と呼ばれ，このようなデータからいかにして新しい生命科学の発見をしていくかが非常に重要となっています。

　このような状況の中でその重要性を増しているのが，生命科学と情報科学を融合した学際分野である「バイオインフォマティクス」（生命情報科学，生物情報科学）です。バイオインフォマティクスは，DNA やタンパク質の配列などの，生物の配列情報をディジタル情報として捉え，コンピュータにより解析を行うことを目的として誕生しました。このような，生物の配列情報を解析するバイオインフォマティクスの一分野は「配列解析」と呼ばれます（これは本シリーズでも主要なテーマとなっています）。上述の計測機器の進歩とともに，バイオインフォマティクスはここ数十年で飛躍的に発展し，いまや配列解析にとどまらずに，トランスクリプトーム解析，メタボローム解析，プロテオーム解析，生物ネットワーク解析など多岐にわたってきています。また，必要な知識も，統計学，機械学習，物理学，化学，数学などの多くの分野にまたがっています。しかしながら，これらのバイオインフォマティクスの多岐にわたる分野を，教科書的・体系的に学ぶことができる成書シリーズは，国内外を見てもほとんどありません。

　そこで，大学生，大学院生，技術者，研究者などに，バイオインフォマティクスの各分野を体系的に学習することを可能とするための教科書を提供することを目的として本シリーズを企画しました。これを実現するために，バイオイン

フォマティクス分野の最前線で活躍をしている，若手・中堅の研究者に執筆を依頼しております。執筆者の方々には，バイオインフォマティクス研究の基盤となる理論やアルゴリズムを中心に，可能な限り厳密かつ自己完結的に解説を行うようにお願いしています。そのため，本シリーズは，大学などにおけるバイオインフォマティクスの講義の教科書として活用可能であるのみならず，読者が独学する場合にも最適な書籍になっていると確信しています。

　最後になりますが，本シリーズの企画の段階から辛抱強くサポートしてくださったコロナ社の皆様に御礼を申し上げます。本シリーズが，今後のバイオインフォマティクス研究さらには生命科学研究の一助となることを切に願います。

2021 年 9 月

「バイオインフォマティクスシリーズ」監修者　浜田道昭

ま え が き

　生物における種々の生命現象や病気の発症などは，遺伝子，タンパク質，代謝化合物のような，さまざまな生体分子の複雑な相互作用の結果として起きている。また，生物はほかの生物や環境と複雑に相互作用することで生態系をなしている。種々の生命現象や生態系の動態を理解するためには，さまざまな生体分子，生物，そして環境がどのように相互作用しているのか，つまりネットワークを明らかにすることが重要になる。近年の計測技術やそれに関連する情報解析技術の発展から，さまざまな生体分子の相互作用を網羅的に同定することができるようになってくると，このような複雑な生物ネットワークを解析し，理解することがバイオインフォマティクスやシステムバイオロジーにおける中心課題の一つになっていった。いまや，生物ネットワーク解析はこれらの分野において，なくてはならない存在になったといえるだろう。その一方で，生物ネットワーク解析は確かによく目にするものの，実際になにをしているのか，あるいは結果がなにを意味しているのかよくわからない，という声も多く聞く。

　そこで本書では，そのような生物ネットワーク解析の基礎から応用までをいくつかの具体的な事例を交えながら説明する。ネットワーク解析に関する良書は近年多くなってきているものの，歴史的な経緯や分野の違いもあり，それらは生物学分野から見た場合，必ずしもわかりやすいものでなかったり，スコープがあまり一致していないように感じられたりすることがままあるようである。本書の執筆にあたってはそのようなギャップを埋めることも強く意識した。

　本書は，学部生および大学院生，ならびにバイオインフォマティクスやシステムバイオロジーの分野に関わる技術者や研究者を読者として想定している。学部生をはじめとする初学者でも無理なく読めるように，第1章では生物ネットワーク解析を学ぶ上での基礎事項を説明している。もちろん冗長だと思われる

読者は読み飛ばしていただいて構わない。第 2 章ではネットワーク解析で頻出する基本的な指標について紹介し，第 3 章ではネットワーク解析の理論の中心をなすいくつかの代表的なネットワークモデルについて説明する。そして，第 4 章から第 7 章にかけて，代表的な生物ネットワーク解析について説明する。具体的に，第 4 章ではネットワークにおける重要なノードを順位づけするために用いられる中心性解析，第 5 章ではネットワークを制御するための重要なノードを見つけるために用いられるネットワーク可制御性解析，第 6 章ではネットワークをクラスタリングするために用いられるコミュニティ検出，そして第 7 章ではオミクスデータから生物ネットワークを推定するために用いられる相関ネットワーク解析について，それぞれ説明する。

　これらの内容については，実際の生物ネットワーク解析を体験することで，より理解を深めることができるだろう。本書で紹介した手法や解析などの一部は，統計解析ソフトウェア R とそのネットワーク解析用パッケージの igraph を用いることで体験することができる。コードは https://github.com/kztakemoto/network-analysis-in-biology で利用可能である。実際の生物ネットワーク解析や新規手法の開発に役立てていただければ幸いである。

　早稲田大学理工学術院の浜田道昭先生には本書を執筆する貴重な機会を与えていただいた。また，浜田先生と京都大学化学研究所バイオインフォマティクスセンターの阿久津達也先生には，ご多忙にもかかわらず原稿を丁寧に確認していただき，学問分野全体の大局的な視点そして個々の専門的な視点から数々の有用なご指摘をいただいた。九州工業大学大学院情報工学府の千代丸勝美氏には，学生の視点からの読みやすさについて丁寧に確認していただき，多くの指摘をいただいた。ここに感謝の意を表したい。最後に，本書の出版元であるコロナ社の方々に心から感謝申し上げたい。

2021 年 9 月

竹本和広

目　　　次

1.　生物ネットワーク解析の基礎

1.1　なぜ生物ネットワーク解析か ………………………………………… *1*

　　1.1.1　生物学における多様な役者たち　*1*

　　1.1.2　システム的理解とネットワーク科学　*3*

1.2　ネットワーク解析の準備 ……………………………………………… *5*

　　1.2.1　ネットワークの基礎　*5*

　　1.2.2　ネットワークの種類　*7*

　　1.2.3　行　列　表　現　*8*

　　1.2.4　経　路　と　閉　路　*11*

　　1.2.5　部分ネットワーク　*12*

　　1.2.6　連結性と連結成分　*13*

1.3　さまざまな生物ネットワーク ………………………………………… *16*

　　1.3.1　遺伝子制御ネットワーク　*16*

　　1.3.2　タンパク質構造ネットワーク　*18*

　　1.3.3　タンパク質相互作用ネットワーク　*20*

　　1.3.4　代謝ネットワーク　*21*

　　1.3.5　脳ネットワーク　*25*

　　1.3.6　生態系ネットワーク　*27*

　　1.3.7　疾病や創薬に関連するネットワーク　*32*

2.　基本的なネットワーク指標

2.1　次　　　　　数 ………………………………………………………… *34*

　　2.1.1　無向ネットワークの場合　*34*

2.1.2　有向ネットワークの場合　*36*

2.1.3　重み付きネットワークの場合　*37*

2.1.4　次　数　分　布　*37*

2.1.5　スケールフリー性　*38*

2.2　次　数　相　関 ……………………………………………………… *41*

2.2.1　同　類　度　係　数　*42*

2.2.2　同類度係数の拡張版　*44*

2.3　クラスタ係数 ……………………………………………………… *46*

2.3.1　各ノードに対するクラスタ係数　*46*

2.3.2　平均クラスタ係数　*47*

2.3.3　重み付きクラスタ係数　*48*

2.4　最　短　経　路　長 ………………………………………………… *49*

2.4.1　平均最短経路長　*51*

2.4.2　大　域　効　率　性　*51*

3.　ネットワークモデル

3.1　Erdős–Rényi のランダムネットワークモデル ……………………… *53*

3.1.1　Erdős–Rényi モデル　*53*

3.1.2　次　数　分　布　*54*

3.1.3　平均最短経路長　*56*

3.1.4　クラスタ係数　*58*

3.1.5　現実のネットワークとの比較　*58*

3.2　格子ネットワーク ………………………………………………… *61*

3.2.1　格子ネットワークとは　*61*

3.2.2　平均クラスタ係数　*62*

3.2.3　平均最短経路長　*63*

3.3　Watts–Strogatz のスモールワールドネットワークモデル ………… *65*

3.4　Barabási–Albert のスケールフリーネットワークモデルと

その改良版 ……………………………………………………………… *68*

　3.4.1　Barabási–Albert モデルとそのネットワークの性質　*68*

　3.4.2　Barabási–Albert モデルの改良版　*71*

　3.4.3　優先接続の検証　*72*

　3.4.4　優先接続の解釈　*73*

3.5　Chung–Lu モデル ……………………………………………………… *76*

3.6　コンフィギュレーションモデル……………………………………… *77*

3.7　ランダム化ネットワーク……………………………………………… *79*

3.8　ネットワーク指標の統計的有意性評価…………………………… *80*

　3.8.1　Z 検定に基づく評価　*81*

　3.8.2　経験的 p 値に基づく評価　*83*

　3.8.3　比に基づく評価　*84*

　3.8.4　ランダムネットワークとの比較の妥当性　*85*

4.　中 心 性 解 析

4.1　中心性解析とは ……………………………………………………… *87*

4.2　次 数 中 心 性 ………………………………………………………… *89*

4.3　固有ベクトル中心性 ………………………………………………… *91*

4.4　PageRank 　………………………………………………………… *92*

4.5　近接中心性とその別形………………………………………………… *96*

　4.5.1　近 接 中 心 性　*96*

　4.5.2　点 効 率 性　*97*

4.6　媒 介 中 心 性 ………………………………………………………… *98*

4.7　そのほかの中心性指標……………………………………………… *100*

　4.7.1　カ ッ ツ 中 心 性　*100*

　4.7.2　サブグラフ中心性　*101*

4.8　統計解析や機械学習における中心性………………………………… *102*

5. ネットワーク可制御性解析

5.1　可　制　御　性 ……………………………………………………… *105*

5.2　構造可制御性 ………………………………………………………… *107*

5.3　最大マッチングに基づくドライバ・ノードの求め方 ……………… *109*

5.4　最小支配集合に基づくドライバ・ノードの求め方 ………………… *113*

5.5　ネットワーク可制御性に基づくノード分類 ………………………… *116*

6. コミュニティ検出

6.1　コミュニティ検出とは ……………………………………………… *120*

6.2　ノード間の類似度に基づくコミュニティ検出 ……………………… *123*

　　6.2.1　階層的クラスタリング　*123*

　　6.2.2　構造的重複度に基づくクラスタリング　*124*

　　6.2.3　そのほかの類似度に基づくクラスタリング　*127*

6.3　モジュラリティに基づくコミュニティ検出 ………………………… *128*

　　6.3.1　モジュラリティ　*128*

　　6.3.2　重み付きネットワークや有向ネットワークにおける
　　　　　モジュラリティ　*131*

　　6.3.3　モジュラリティ最大化問題としてのコミュニティ検出　*133*

　　6.3.4　ネットワーク間でのモジュラリティの比較　*139*

　　6.3.5　モジュラリティ最大化に基づくコミュニティ検出の限界　*141*

　　6.3.6　そのほかのコミュニティ分割指標　*143*

6.4　機能地図作成 ………………………………………………………… *145*

6.5　コミュニティの重複を考慮する場合 ………………………………… *150*

　　6.5.1　エッジ間の構造的重複度に基づく手法　*151*

　　6.5.2　モジュラリティ最大化に基づく手法　*153*

7.　相関ネットワーク解析

7.1　相関ネットワーク解析とは ･････････････････････････････････ 156

7.2　相関ネットワーク解析の基本 ･････････････････････････････ 157

7.3　相関ネットワークの閾値化 ･･･････････････････････････････ 159

　7.3.1　p 値による閾値化　159

　7.3.2　相関係数による閾値化　160

7.4　重み付き相関ネットワーク解析 ･･･････････････････････････ 164

7.5　偏相関ネットワーク解析 ･････････････････････････････････ 165

　7.5.1　偏相関ネットワーク解析の基本　165

　7.5.2　偏相関と多重回帰　166

　7.5.3　偏相関ネットワーク解析の限界　167

　7.5.4　正則化付き偏相関ネットワーク解析　168

7.6　相対量を考える場合 ･････････････････････････････････････ 170

　7.6.1　オミクスデータにおける相対量　170

　7.6.2　定数和制約による見せかけの相関　170

　7.6.3　対 数 比 変 換　172

　7.6.4　相対量データに対する相関ネットワーク解析　173

　7.6.5　相対量データに対する偏相関ネットワーク解析　174

7.7　相関ネットワークの比較 ･････････････････････････････････ 175

7.8　相関ネットワーク解析は「なに」を推定しているのか ･･････････ 178

引用・参考文献 ･･ 181

索　　　　引 ･･･ 207

1 生物ネットワーク解析の基礎

本章では，生物ネットワーク解析に関わる基礎について説明する。特に，生物ネットワーク解析が要求されてきた背景を概説し，ネットワーク解析の準備を行う。具体的には，ネットワーク解析で必要な基礎知識について述べ，代表的な生物ネットワークを紹介する。

1.1 なぜ生物ネットワーク解析か

1.1.1 生物学における多様な役者たち

生体内で起きている種々の生命現象や病気の発症メカニズム，また環境変動が生物に与える影響のような，生物と環境の相互作用を理解するにはどうしたらよいだろうか。還元主義の立場をとれば，まずどのような役者（要素）が登場するのかを明らかにすることが重要である。

生物学においては，じつにさまざまな役者が登場する。微視的には**遺伝子**（gene），**タンパク質**（protein），**代謝化合物**（metabolite）といった生体分子が，巨視的にはさまざまな細胞，組織，そして生物が登場する。また，生物はそれらを取り巻く環境と合わせて**生態系**（ecosystem）をなしている。近年の計測・観測技術そして情報解析技術，特に**バイオインフォマティクス**（bioinformatics）の発展から，生体分子や環境における生物が網羅的に同定・計測され，その全容が明らかになってきている[1]†。詳細については，本シリーズの『バイオインフォマティクスのための生命科学入門』を参照してほしい。

---

† 肩付き数字は巻末の引用・参考文献番号を示す。

さて，生物学における網羅的研究の代表例は，種々のゲノム計画であろう。20世紀の中頃に**DNA**（deoxyribonucleic acid；デオキシリボ核酸）が遺伝子としての役割を果たすことがわかり，DNA の塩基配列決定法が開発されると，さまざまな生物の**ゲノム**（genome），つまり遺伝情報の総体を反映する全染色体の DNA の全塩基配列が明らかにされてきた[2]。遺伝子の数は生物種によってさまざまである。例えば，バクテリアの一種である大腸菌なら約 4 000 個であり，ヒトなら約 2 万個である[3]。ただ，遺伝子の数と生物学的複雑さにはあまり関連がないことに注意が必要である[4]。一見ヒトより単純な生物だとしても，ヒトより多くの遺伝子を持っている場合がある。例えば，ミジンコは約 3 万個の遺伝子を持つ[5]。

もちろん遺伝情報だけでは不十分である。より重要なことは，DNA 配列にコードされるさまざまな遺伝子がどのように機能するかを明らかにすることである。遺伝子は**転写**（transcription）と**翻訳**（translation）を通して機能する。この一連の過程は**セントラルドグマ**（central dogma）と呼ばれる。遺伝子をコードする DNA 配列は一度 **RNA**（ribonucleic acid；リボ核酸），具体的には**メッセンジャー RNA**（messenger RNA；mRNA）に転写され，その RNA 配列に基づいてタンパク質に翻訳される。ただ，DNA から転写された RNA の中にはタンパク質に翻訳されることなく機能するものもあり，これはノンコーディング RNA と呼ばれる。この転写産物の総体を**トランスクリプトーム**（transcriptome）と呼び，タンパク質の総体を**プロテオーム**（proteome）と呼ぶ。トランスクリプトームとプロテオームについては，本シリーズの『トランスクリプトーム解析』と『プロテオーム情報解析』をそれぞれ参照してほしい。

タンパク質の一部は酵素として機能し，生体内における一連の化学反応を触媒する。このような化学反応は**代謝**（metabolism）と呼ばれ，外界から（環境から，あるいはほかの生物を捕食することで）取り込んだ有機物を分解してエネルギーを生成したり，生命維持に必須な化合物を生成したりする。このような代謝化合物の数は生物種によってさまざまであるが，例えばヒトでは知られているだけで約 4 000 個ほどあるといわれている[6]。また，植物などは昆虫の

誘引や防御のためにさらに多くの代謝化合物を生成する[7]。その数は，数十万から 100 万個程度にのぼると考えられている[8]。この代謝反応に関連する化合物が代謝化合物であり，その総体を**メタボローム**（metabolome）と呼ぶ。

生物はこのようにほかの生物や環境と相互作用することで生態系をなす。地球上には，約 870 万種の真核生物がいると推定されている[9]。また，ヒト腸内や環境（土壌など）にはバクテリアを主とした多様な微生物が確認されており，その微生物の総体は**マイクロバイオーム**（microbiome）と呼ばれる。例えば，ヒト腸内では約 2 000 種[10]，土壌環境では地球全体で数万種（各地域で共通に確認されるものとしては約 500 種）[11] のバクテリアが確認されている。これらの微生物はヒトの健康[12]や地球循環[13]において重要な役割を果たしている。

1.1.2 システム的理解とネットワーク科学

種々の生命現象や生態系の動態の理解のためには，上記のように登場する役者たちをカタログ化していくだけで十分だろうか。もちろん，それだけでは不十分である。さまざまな生体分子，生物，そして環境は複雑に相互作用（1.3 節を参照）しており，生命現象や生態系動態はその相互作用の結果として起きている。それぞれの役者だけを見ていても物語の全体がわからないように，それぞれの分子や生物だけを見ていても生命現象や生態系動態は理解できない。そのため，それらの理解のためには，前項で紹介したような多様な役者たちがどのように相互作用しているのか，つまりネットワークを明らかにし，その複雑なネットワークを解析し理解することが重要になる。

これは，ポストゲノム時代のバイオインフォマティクスの目的の一つである[2]。また，**システムバイオロジー**（systems biology）[14]～[16] や**システム生態学**（systems ecology）[17] とも関連する。システムバイオロジーについては，本シリーズの『システムバイオロジー』で詳しく説明されるが，端的にいえば，生物や生態系をシステム（つまりネットワーク）として捉え，生命現象や生態系動態を理解することを目的とした学問分野である。特に 20 世紀の終わり頃から，このようなシステム的理解の重要性の高まりや，計測・観測技術そして情報解

析技術の発展もあいまって，さまざまな生体分子の相互作用が網羅的に同定されていった。例えば，タンパク質間相互作用を網羅的に調べられるツーハイブリッド法[18]はそのさきがけである。なお，このような相互作用の総体は**インタラクトーム**（interactome）[19]と呼ばれる。このような相互作用に関するデータが大量に利用可能になってくると，それらのデータを解析するための手法が必要になってきた。それまでのシステム的理解は微分方程式などで記述される数理モデルに基づくものがほとんどであり，大量データからの知識抽出には主眼を置かれていなかった。また，古典的なデータ解析手法はベクトル型のデータを前提としていたため，このような構造を持ったデータを取り扱うことは難しく，代替の解析手法が要求されていた。

　そこで注目されたアプローチの一つが，**ネットワーク科学**（network science）[20]である。これは，**ネットワーク解析**（network analysis）を含む**複雑ネットワーク**（complex network）に関する全般的な学問分野[21]~[27]を指す。ネットワークを解析するというアプローチは，例えば社会学においては，社会ネットワーク解析[28]として古くから知られている。ただ，20世紀の終わり頃から，生物学に限らず，さまざまな分野で大量の相互作用（つまりネットワークの）データが利用可能になり，そのようなネットワークを統計物理学の視点から見るというアプローチ[29]がなされると，学際分野として急速に発展した[30]。ネットワークは「要素とそのつながり」という視点で見ればさまざまなシステムを対象にできるため，幅広く応用することができたからである。統計物理分野がもともと生物学や生態学を含む幅広い分野を対象にしていたという土壌も発展の理由の一つだろう。また，現実のネットワークにはどのような特徴があり，その特徴がダイナミクスにどのように影響を与えるのかについて洞察を与えることができたことも分野の発展に大きく影響した。例えば，人間関係ネットワークの構造的特徴が伝染病の伝播ダイナミクスにどのような影響を与えるか[31]，また伝染病の伝播を抑えるためにはどのような戦略をとれば（例えば，どの人にワクチンを投与すれば）よいか[32]といったことをデータに基づいて議論することができるようになった。この考え方は，ネットワークの普遍性を考えれば，

生物学にも応用できることがすぐにわかる。例えば，生体分子ネットワークの構造が病気の発症にどのように関係しているか，また治療のためにはどのような戦略をとれば（例えば，どの薬剤を投与し，どの生体分子を阻害すれば）よいかと，いったようにである。このようなデータに基づくシステム論的アプローチは，ポストゲノム時代のバイオインフォマティクスあるいはシステムバイオロジーの目指す方向性とよく一致し，ネットワーク科学は生物学に広く浸透していった。

　特に，生物学分野におけるネットワーク科学は，**ネットワーク生物学**（network biology）[33]と呼ばれ，研究対象に応じてさまざまな分野が派生してできていった。ネットワーク科学のヒト健康分野における展開は，**ネットワーク医学**（network medicine）[34]と呼ばれ，病気の特定，予防，治療に役立てられている。例えば，ネットワークを解析することにより，疾病によって生体分子ネットワークがどのように変化するかを明らかにしたり，生体分子ネットワークに基づいて疾病関連遺伝子や薬剤標的分子を推定したりすることができる。現在では，ネットワーク生物学やネットワーク医学はシステムバイオロジーの一分野であるとみなされることもある。また，生態学における展開は，**ネットワーク生態学**（network ecology）[35]~[37]などと呼ばれ，生物多様性の維持や環境影響評価の文脈で考えられている。

1.2　ネットワーク解析の準備

1.2.1　ネットワークの基礎

　ここでいう「ネットワーク」とは離散数学における「グラフ」と同じである。そのため，本書における「ネットワーク」は基本的に「グラフ」と読み替えてもらっても差し支えない。最も古いネットワーク科学の研究は，オイラーがケーニヒスベルクの七つの橋問題をグラフに置き換えて解いたことだとされており[30]，ネットワーク科学はグラフ理論[38]とも関連が深い。具体的には，ネットワークは**図 1.1** で示されるような**ノード**（node）と**エッジ**（edge）の集合で表され

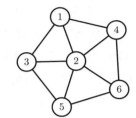

図 1.1 ネットワークの例（丸：ノード，線：エッジ）

る。ノードは**頂点**（vertex）や**点**（point）とも呼ばれる。エッジは**辺**（edge）や**枝**（branch）と呼ばれることもあり，ネットワーク科学分野においては**リンク**（link）とも呼ばれる場合もある[30]。

ノード i と j の間にエッジがあることを (i, j) と表す。このとき，ノード i と j は**隣接**（adjacent）するといい，そのエッジはノード i と j に**接続**（incident）するという。また，ノード i と j はそのエッジの**端点**（end point）である，という。例えば図 1.1 のネットワークにおいて，ノード 1 と 2 は隣接し，ノード 4 と 6 に接続するエッジがあり，ノード 3 と 5 を端点とするエッジもある，などと表現する。ここで，エッジには方向性がないことに注意してほしい。このようなネットワークは**無向ネットワーク**（undirected network）と呼ばれる。

なお，端点を両方とも共有するエッジが複数ある場合（**図 1.2**(a)），それらのエッジは**多重エッジ**（multiple edges）と呼ばれる。端点が同じであるエッジ（図 (b)）は**自己ループ**（self loop）と呼ばれる。また，多重エッジや自己ループを持たない無向ネットワークは**単純なネットワーク**（simple network）と呼ばれ，これはグラフ理論における**単純グラフ**（simple graph）と同じである。図 1.1 は単純なネットワークの一例である。

ネットワークにおけるノード数を N，エッジ数を L とする。N は**ネットワークサイズ**（network size）とも呼ばれる。例えば図 1.1 のネットワークにおい

(a)　多重エッジ　　　(b)　自己ループ

図 1.2 エッジの種類

ては，$N = 6$ で，$L = 10$ である。

1.2.2 ネットワークの種類

前項で言及した無向ネットワークを拡張あるいは特殊系を考えることで，ほかにもいくつかの種類のネットワークを考えることができる。代表的なものをここで紹介する（図 1.3）。

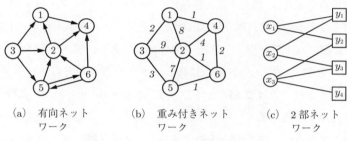

(a) 有向ネット　　(b) 重み付きネット　　(c) 2部ネット
ワーク　　　　　　ワーク　　　　　　　ワーク

図 1.3　ネットワークの種類

（1）　有向ネットワーク　　エッジに方向性を加えたい場合もあるだろう。例えば，ノード i からノード j につながっている，といったようにである。このように，エッジに方向性があるネットワークは**有向ネットワーク**（directed network）と呼ばれる。例えば，図 1.3(a) のネットワークにおいて，ノード 3 からノード 5 に接続する有向エッジがある。このとき，ノード 3 とノード 5 をそれぞれ**始点**（head）と**終点**（tail）という。有向エッジは**弧**（arc）とも呼ばれる。また，ノード 3 はノード 5 に向けての**出力エッジ**（outgoing edge）を持つといい，ノード 5 はノード 3 からの**入力エッジ**（incoming edge）を持つという。

有向ネットワークにおける多重エッジは，始点と終点が同一な複数のエッジに対応する。ただ，ノード i から j に接続する有向エッジが 1 本あり，ノード j から i に接続する有向エッジが 1 本ある場合，これは多重エッジとはならない（図 1.3(a) におけるノード 5 と 6 を参照）。なぜなら始点と終点がそれぞれ異なるからである。このようなエッジは**双方向エッジ**（mutual edge; bidirectional edge）とも呼ばれる。

（**2**）　**重み付きネットワーク**　　隣接関係だけでなく，どの程度で隣接するかを表したい（つまりエッジに値を割り振りたい）場合もあるだろう。例えば，ノード i と j は距離 2 で隣接するが，ノード i と h は距離 8 で隣接するといったようにである。同じ隣接関係でも，これら二つの隣接関係は距離という点で異なっている。このように，エッジに値あるいは重みが割り振られたネットワークを**重み付きネットワーク**（weighted network）と呼ぶ（図 1.3(b)；斜体の数字がエッジの重みを表す）。図 (b) は，重み付き無向ネットワークを表すが，エッジに方向性を与えることで，重み付き有向ネットワークに拡張することもできる。

（**3**）　**2 部ネットワーク**　　ノード集合が二つあり，すべてのエッジについて端点の一方が一つのノード集合に属し，もう一方が他方のノード集合に属すようなネットワークは **2 部ネットワーク**（bipartite network）と呼ばれる。言い換えると，2 部ネットワークにおいて，同じノード集合に属すノード間にエッジは存在しない。図 1.3(c) を例にすると，ノード集合 $X = \{x_1, x_2, x_3\}$ と $Y = \{y_1, y_2, y_3, y_4\}$ を考えた場合，すべてのエッジについて端点の一方は X に属し，もう一方は Y に属す。また，同じノード集合に属すノード間にエッジは一つもない。そのため，図 (c) は 2 部ネットワークであるといえる。

図 1.3(c) では無向で重みのない 2 部ネットワークを表しているが，エッジの方向性や重みを考慮することで，有向 2 部ネットワーク，重み付き無向 2 部ネットワーク，重み付き有向 2 部ネットワークにも拡張することができる。

1.2.3　行　列　表　現

ネットワークを行列で表すことで，構造的特徴などの解析を，行列演算を通して行うことができる。ネットワークを表す最も代表的な行列として**隣接行列**（adjacency matrix）がある。隣接行列はノードの隣接関係を 0–1 で表現した $N \times N$ の行列である。ここで隣接行列は $\boldsymbol{A}$ と表し，i 行 j 列の要素は A_{ij} と表す。

（**1**）　**無向ネットワークの場合**　　無向ネットワークの隣接行列は式 (1.1)

のように定義される†。

$$A_{ij} = \begin{cases} 1 & (\text{ノード } i \text{ と } j \text{ が隣接するなら}) \\ 0 & (\text{そうでないなら}) \end{cases} \tag{1.1}$$

例えば，図 1.1 のネットワークの隣接行列 $\boldsymbol{A}$ はつぎのようになる。

$$\boldsymbol{A} = \begin{pmatrix} 0 & 1 & 1 & 1 & 0 & 0 \\ 1 & 0 & 1 & 1 & 1 & 1 \\ 1 & 1 & 0 & 0 & 1 & 0 \\ 1 & 1 & 0 & 0 & 0 & 1 \\ 0 & 1 & 1 & 0 & 0 & 1 \\ 0 & 1 & 0 & 1 & 1 & 0 \end{pmatrix}$$

ここで，隣接関係に対称性があるので $A_{ij} = A_{ji}$ である。つまり，$\boldsymbol{A}$ は対称行列となる（$\boldsymbol{A} = \boldsymbol{A}^{\top}$）。

（**2**）　**有向ネットワークの場合**　　一方，有向ネットワークの隣接行列は，エッジの方向性を考慮するため，式 (1.2) のように定義する。

$$A_{ij} = \begin{cases} 1 & (\text{ノード } j \text{ から } i \text{ に接続するエッジがあるなら}) \\ 0 & (\text{そうでないなら}) \end{cases} \tag{1.2}$$

例えば，図 1.3(a) のネットワークの隣接行列 $\boldsymbol{A}$ はつぎのようになる。

$$\boldsymbol{A} = \begin{pmatrix} 0 & 1 & 1 & 0 & 0 & 0 \\ 0 & 0 & 1 & 0 & 1 & 1 \\ 0 & 0 & 0 & 0 & 0 & 0 \\ 1 & 1 & 0 & 0 & 0 & 1 \\ 0 & 0 & 1 & 0 & 0 & 1 \\ 0 & 0 & 0 & 0 & 1 & 0 \end{pmatrix}$$

---

† なお，ノード i と j が多重エッジを介して隣接する場合も，隣接関係のみに注目するため，$A_{ij} = 1$ とする。

ここで，エッジの方向性のため $A_{ij} \neq A_{ji}$ である場合がある。$A_{ij} = A_{ji}$ となる場合，ノード i と j の間には双方向エッジがある。

（**3**）　**重み付きネットワークの場合**　　重み付きネットワークは，重み付き隣接行列として表現することもできる。隣接行列におけるバイナリ値（0 か 1 か）を重みに置き換えることで得られる。重み付き隣接行列は（0–1 の）隣接行列と区別するために W で表現し，その要素は W_{ij} とする。具体的に，重み付き隣接行列は式 (1.3) のように定義される†。

$$
W_{ij} = \begin{cases} w & （ノード i と j を端点とする重み w のエッジがあるなら） \\ 0 & （そうでないなら） \end{cases} \tag{1.3}
$$

例えば，図 1.3(b) のネットワークに対する重み付き隣接行列 W はつぎのようになる。

$$
W = \begin{pmatrix} 0 & 8 & 2 & 1 & 0 & 0 \\ 8 & 0 & 9 & 4 & 7 & 1 \\ 2 & 9 & 0 & 0 & 3 & 0 \\ 1 & 4 & 0 & 0 & 0 & 2 \\ 0 & 7 & 3 & 0 & 0 & 1 \\ 0 & 1 & 0 & 2 & 1 & 0 \end{pmatrix}
$$

式 (1.3) は，無向の重み付きネットワークに対する行列表現であるが，有向の重み付きネットワークへも簡単に拡張することができる。具体的には，式 (1.2) のように W_{ij}（つまりノード j から i に接続するエッジ）と W_{ji}（つまりノード i から j に接続するエッジ）を区別して重みを割り当てればよい。

（**4**）　**2 部ネットワークの場合**　　二つのノード集合，$\{x_1, \ldots, x_{N_X}\}$ と $\{y_1, \ldots, y_{N_Y}\}$ をひとまとめにして，$N\ (= N_X + N_Y)$ ノードで構成されるネットワークだと考えれば，2 部ネットワークもそれぞれの種類（有向なのか重み付きなのか）に応じて隣接行列で表現することができる。

---

†　ここでは簡単のために多重エッジはないと考える。

　ただし，2部ネットワークに関しては別の行列表現もあるのでここで紹介する。具体的には，2部ネットワークは**接続行列**（incidence matrix）でも表現される場合がある。接続行列とは二つの集合間の関係を示す行列である。具体的に，2部ネットワークは $N_X \times N_Y$ の接続行列 $\boldsymbol{B}$ を用いて次式のように表現される。

$$B_{ij} = \begin{cases} 1 & （ノード x_i と y_j が隣接するなら） \\ 0 & （そうでないなら） \end{cases}$$

例えば，図 1.3(c) の 2 部ネットワークに対する接続行列 $\boldsymbol{B}$ はつぎのようになる。

$$\boldsymbol{B} = \begin{pmatrix} 1 & 1 & 0 & 0 \\ 1 & 0 & 1 & 0 \\ 0 & 1 & 1 & 1 \end{pmatrix}$$

　もし，重み付き無向 2 部ネットワークを表現したいなら，バイナリ値（0 か 1 か）の代わりに適切な重みを割り振ればよい。ただし，接続行列を用いた場合，有向 2 部ネットワークは表現できないことに注意する必要がある。

　なお，無向の 2 部ネットワークの隣接行列 $\boldsymbol{A}$ はその接続行列 $\boldsymbol{B}$ を用いて次式のように記述することもできる。

$$\boldsymbol{A} = \left(\begin{array}{c|c} \boldsymbol{0} & \boldsymbol{B} \\ \hline \boldsymbol{B}^\top & \boldsymbol{0} \end{array} \right)$$

1.2.4　経 路 と 閉 路

　あるノードからエッジをたどって別のノードに移動し，そのノードからまたエッジをたどって別のノードに移動する。この移動を繰り返して得られたノードとエッジの列を**歩道**（walk）と呼ぶ。例えば，**図 1.4** のネットワークにおいては，P_1: 1–10–6–10–3 のような歩道が得られる（数字はノードのインデックスを表し，「–」は前後のノードに接続するエッジを表す）。このとき，ノード 1

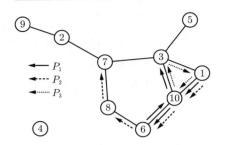

図 **1.4**　歩道 P_1, 経路 P_2,
閉路 P_3

が始点，ノード 3 が終点である。歩道において移動した回数（エッジの出現回数）をその歩道の「長さ」と呼ぶ。なお，有向ネットワークの歩道は，出力エッジあるいは入力エッジをたどって得られるノードとエッジの列と考えればよい。

　特に，始点と終点を除き，すべてのノードが異なるような（同じノードが二度以上出現しないような）歩道を**経路**（path）と呼ぶ。あるいは，**道**（path）や**路**（path）とも呼ぶ。つまり，先のノード列 P_1 は，ノード 10 が 2 回出現しているため，経路ではない。例えば P_2: 1–10–6–8–7 が経路である。

　経路におけるエッジの本数は**経路長**（path length）に対応する。例えば，P_2 の経路長は 4 である。なお，重み付きネットワークの場合は，経路に出現するエッジに割り振られた重みの総和が経路長として考えられる場合もある。

　始点と終点が同一である経路は**閉路**（cycle）と呼ばれる。例えば，図 1.4 のネットワークは P_3: 1–10–3–1 などの閉路を持つ，ということになる。

1.2.5　部分ネットワーク

　ノード集合 V とエッジ集合 E からなるネットワーク（グラフ）G に対して，ノード集合の部分集合 $V_s \subset V$ とエッジ集合の部分集合 $E_s \subset E$ からなる G_s を考える。このとき，E_s に属するすべてのエッジの端点が両方とも V_s に含まれているならば，G_s は G の**部分ネットワーク**（subnetwork）であるという。例えば，**図 1.5** のネットワーク G からは $G_s^{(1)}$ と $G_s^{(2)}$ のような部分ネットワークを得ることができる。

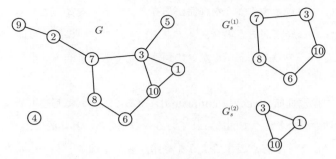

図 **1.5** ネットワーク G から得られる二つの部分ネットワーク $G_s^{(1)}$ と $G_s^{(2)}$

1.2.6 連結性と連結成分

（ **1** ） **連 結 性**　無向ネットワークの場合，ノード i を始点とし，ノード j を終点とするような経路があるとき，ノード i と j はたがいに **到達可能** （reachable）であるという。任意の二つのノードがたがいに到達可能であるネットワークは **連結** （connected）であるという。例えば，**図 1.6**(a) のネットワークは連結であるが，図 (b) のネットワークは連結でない（非連結である）。ノード 4 はそのほかのいずれのノードからも到達可能でないからである。

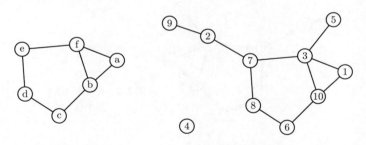

（a）　連結なネットワーク　　　　　（b）　非連結なネットワーク

図 **1.6**　ネットワークの連結性

有向ネットワークの場合，エッジの方向性を考慮して二つの連結性が定義される。

一つは **強連結** （strongly connected）である。ここでは，ノード i を始点と

しノード j を終点とするような経路があり，ノード j を始点としノード i を終点とするような経路がある場合，ノード i と j はたがいに到達可能であると考える。任意の二つのノードがたがいに到達可能である有向ネットワークは強連結であるという。

もう一つは**弱連結**（weakly connected）である。これは到達可能に関わる制約が強連結の場合と比べて弱められているものである。具体的には，ノード i を始点としノード j を終点とするような経路，もしくはノード j を始点としノード i を終点とするような経路のいずれかがあれば，ノード i と j はたがいに到達可能であると考える。つまり，エッジの方向性を無視して（有向ネットワークを無向ネットワークとして見立てて），ノードがたがいに到達可能であるかどうかを考える。このような弱い制約において任意の二つのノードがたがいに到達可能である場合，その有向ネットワークは弱連結であるという。

例えば，図 **1.7** の有向ネットワークは弱連結である。エッジの方向性を無視すれば，すべてのノードはたがいに到達可能であるが，このネットワークは強連結ではない。例えば，ノード 1 を始点としてノード 2 を終点とする経路はあるが，ノード 2 を始点としてノード 1 を終点とする経路は存在しないからである。

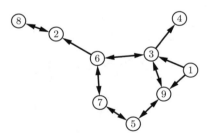

図 **1.7**　有向ネットワークの
　　　　連結性

（**2**）　**連 結 成 分**　　あるネットワークにおける連結な部分ネットワークのうち「極大」なものを**連結成分**（connected component）と呼ぶ。ここで，「極大」とは可能な限り大きいということを意味する。具体的には，ある性質を持つ部分ネットワークに，その性質を保ったまま，これ以上ノードやエッジを追加することができないとき，その部分ネットワークは「極大」であるという。

例えば，**図 1.8** の無向ネットワークにおいて，$G_s^{(1)}$ は連結な部分ネットワークではあるが，連結成分ではない。$G_s^{(1)}$ にノードやエッジを追加して，より大きい連結な部分ネットワークを見つけることができるからである。$G_s^{(2)}$ がその一例である。また，$G_s^{(2)}$ にノードやエッジを加えて，より大きい連結な部分ネットワークをつくることはできない。つまり，$G_s^{(2)}$ は極大な連結部分ネットワークであり，これが連結成分に対応する。なお，一つのノードからなる部分ネットワークも連結成分としてみなされる。そのため，図のネットワークは $G_s^{(2)}$ と $G_s^{(3)}$ の二つの連結成分を持つということになる。

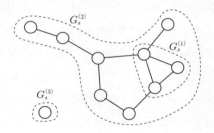

図 1.8 連結な部分ネットワークと
連結成分

有向ネットワークの場合は，エッジの方向性があるために，その連結成分は弱連結成分と強連結成分に分けて考えられる。例えば，**図 1.9** の有向ネットワークは弱連結であり，一つの弱連結成分からなることがわかる。しかしながら，強連結成分で考えた場合，連結成分の数は異なってくる。$G_s^{(4)}$ は強連結な部分ネットワークであり，極大である（ノードやエッジを追加して，より大きい強連結な

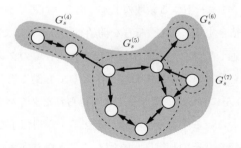

図 1.9 有向ネットワークにおける弱連結成分（灰色部分）
と強連結成分（破線の囲み）

部分ネットワークを得ることができない）。そのため，これは強連結成分である。同様の理由で $G_s^{(5)}$ も一つの強連結成分である。$G_s^{(6)}$ と $G_s^{(7)}$ はそれぞれノード一つで構成される部分ネットワークであり，ノードやエッジを追加しても，より大きい強連結な部分ネットワークを得ることができない。一つのノードからなる部分ネットワークも連結成分としてみなすので，これらも強連結成分としてみなされる。つまり，このネットワークは四つの強連結成分を持つことがわかる。

1.3　さまざまな生物ネットワーク

1.1 節で紹介したように，生物学はじつに広い分野を対象にしている。一口に生物ネットワークといっても，遺伝子から生態系までの生命の階層のそれぞれにおいて，さまざまな生物ネットワークがある。ここでは，その階層の順に代表的な生物ネットワークについて紹介する。どのような分野で生物ネットワーク解析が用いられているかの概観を得ることができるだろう。

1.3.1　遺伝子制御ネットワーク

遺伝子が機能するためにはまず転写される必要がある。転写はつねに起きているわけではなく，必要なときに（例えば外界からのシグナルに応じて）必要なタンパク質を必要な量だけ作り出すように制御されている[16]。特に，この制御は**転写因子**（transcription factor）という特別なタンパク質を用いて行われる。

転写因子は遺伝子をコードする領域の上流にあるプロモータ領域と呼ばれる特別な DNA 配列に結合することで，転写を開始させる。ここで得られた mRNA に基づき，翻訳を通してタンパク質が作り出される。このタンパク質の一部は別の遺伝子（あるいはそれ自身）の転写因子としても働く場合がある。

例えば，**図 1.10** 左において，遺伝子 1 から得られたタンパク質は遺伝子 2 の転写因子になっている。このような場合，遺伝子 1 が遺伝子 2 の転写を制御するとみなすことができ，その制御関係を図右のような有向ネットワークで表現することができる。このような遺伝子の制御関係の全体を表したネットワーク

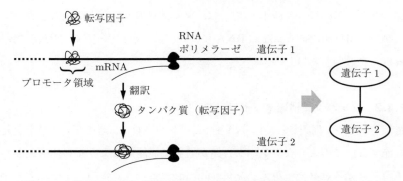

図 1.10　遺伝子（転写）制御の概念図（左）と遺伝子制御ネットワーク（右）

が**遺伝子制御ネットワーク**（gene regulatory network）である。あるいは，**転写ネットワーク**（transcriptional network）と呼ばれることもある。

　特に，バクテリアの一種である**大腸菌**（*Escherichia coli*）の遺伝子制御ネットワークについてはよく調べられており，RegulonDB[39]などのデータベースで利用可能である。マウスやヒトについては The Encyclopedia of DNA Elements（ENCODE）プロジェクト[40]によって遺伝子制御関係が網羅的に推定され，それらのデータが公開されている。遺伝子制御ネットワークのデータベースはいろいろあるが，それらのデータベースを統合した RegNetwork[41]は使いやすいだろう。大腸菌をはじめ，**酵母**（yeast; *Saccharomyces cerevisiae*），**線虫**（warm; *Caenorhabditis elegans*），**ショウジョウバエ**（fruit fly; *Drosophila melanogaster*），ラットなどのデータについても利用可能である。しかしながら，データの解釈には注意が必要である。データベースには実験的に検証された遺伝子制御関係もあれば，遺伝子発現レベルの相関などから推定（予測）された制御関係もまとめて記載されている場合がある。目的に応じて必要なデータを用いることが重要である。

　なお，図 1.10 における遺伝子制御はきわめて簡略化されていることに注意してほしい。例えば，真核生物の遺伝子制御にはマイクロ RNA のような機能性を持ったノンコーディング RNA なども関わっており，近年ではそれらも含めて遺伝子制御ネットワークとする場合がほとんどである。前述の ENCODE プ

ロジェクトや RegNetwork については，マイクロ RNA による制御においても
データを利用可能である。なお RNA については，本シリーズの『RNA 配列情
報解析』を参照してほしい。

1.3.2　タンパク質構造ネットワーク

遺伝子が転写・翻訳されて作り出されたタンパク質は，適切な立体構造をとっ
て機能する。このようなタンパク質鎖が適切に機能するような立体構造をとる
一連のプロセスを**フォールディング**（folding）という。このフォールディング
が適切に行われない場合，プリオン病やアルツハイマー病のような疾病の原因
になる場合がある[42]。そのため，タンパク質の立体構造を解析することは重
要である。ネットワークはこのような立体構造解析にも用いることができる。
タンパク質の立体構造を反映したネットワークを**タンパク質構造ネットワーク**
（protein structure network）という[43]。

一般に，タンパク質構造ネットワークのノードはアミノ酸残基であり，エッ
ジは，異なるアミノ酸残基どうしの近接関係を表す。**蛋白質構造データバンク**
（Protein Data Bank; PDB）[44]では多くのタンパク質立体構造データを利用
可能であり，アミノ酸残基を構成する原子の空間座標情報を取得できる。近接
関係はこのような原子の空間座標に基づいて定義する。

よく用いられるのは，アミノ酸の α 炭素間の距離である。任意の二つのアミ
ノ酸の α 炭素間の距離がある閾値R_c 以下であるなら近接するとみなして，それ
ら二つのアミノ酸（ノード）にエッジを接続する。R_c は経験的に 6〜12 オング
ストローム（Å）に設定されることが多い[45),46]。**図 1.11** には $R_c = 8$Å と設
定された場合の，アクチン結合タンパク質の立体構造に対するタンパク質構造
ネットワークが示されている。このようなタンパク質構造ネットワークは**タン
パク質コンタクトマップ**（protein contact map）[47]という名前でも知られて
いる。

なお，この近接関係の定義には，β 炭素が基準に用いられたり，水素以外のい
ずれかの原子が基準に用いられることもある。また，ある閾値で 2 値化するの

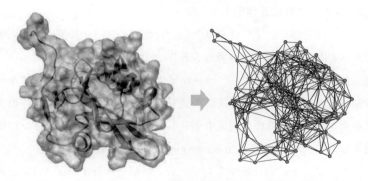

図 **1.11** アクチン結合タンパク質（PDB ID：2VIK）の立体構造（左）と
そのタンパク質構造ネットワーク（右）

ではなく，距離を使って重み付きネットワークとして表現する場合もある[43]。

タンパク質配列上での近さを考慮してネットワークを構築する場合もある[46),48)]。タンパク質配列上で近いアミノ酸どうしは幾何的な制約から相互作用しやすくなると考えられる。タンパク質の立体構造を支配しているのは，そのような配列上で近いアミノ酸残基どうしの相互作用ではなく，むしろ配列上で離れているアミノ酸残基どうしの相互作用であると考えられる。特にタンパク質のフォールディングや安定性においてはこのような長距離相互作用が重要であるとされている[48),49)]。このような長距離相互作用を強調したネットワークは**長距離相互作用ネットワーク**（long-range interaction network）と呼ばれる。具体的には，各アミノ酸残基ペアについて，空間上での距離に加えて，配列上での距離も考慮して隣接関係を定義する。一般に，タンパク質配列の先頭（N 末端側）からそれぞれのアミノ酸残基に 1，2，3，... とインデックスを割り当て，そのインデックスの差の絶対値 $|i-j|$ を配列上の距離として用いることが多い[46),48),49)]。特に，原子間の距離に基づいて近接関係があるとみなされたアミノ酸残基ペアのうち，$|i-j| > L_c$ となるペアを隣接させる。経験的に $L_c = 12$ と設定されることが多い[46),48),49)]。これはタンパク質の 2 次構造（α ヘリックスや β シート）を形成するために用いられる平均的なアミノ酸残基数であるとされる。

1.3.3 タンパク質相互作用ネットワーク

タンパク質は単体で働くだけではない。複数のタンパク質が相互作用することで複合体をなし、機能を持つ場合もある。このような相互作用関係は、タンパク質立体構造解析などに加え、ツーハイブリッド法のようなハイスループットな計測技術の発展により網羅的に調査できるようになってきた。このような網羅的なタンパク質相互作用関係をネットワークで表したものが**タンパク質相互作用ネットワーク**（protein interaction network）である。

ハイスループット計測技術やタンパク質立体構造解析から**図 1.12** 左のような複合体あるいは相互作用が観測されたとしよう。タンパク質 A は、タンパク質 B, C, D とそれぞれ相互作用する。そのため、A–B, A–C, A–D という隣接関係が得られる。また、タンパク質 B, C, D は複合体をなす。この場合、それぞれが相互作用するとみなし、これらのノード（タンパク質）ペアのすべてに隣接関係を与える。つまり、完全グラフとして表現する（B, C, D を頂点とする三角形が描かれる）。最終的に、図右のようなネットワークが得られる。

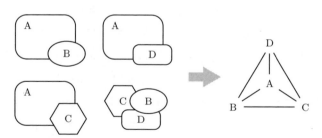

図 1.12 仮説的なタンパク質複合体（左）とそれらから得られる
タンパク質相互作用ネットワーク（右）

タンパク質相互作用については、網羅的計測が比較的早くから行われていたこともあり、データは非常に豊富である。例えば、酵母のツーハイブリッド法が発表されたのは 1989 年である[18]。そのため酵母のタンパク質相互作用ネットワークは網羅的であり、よく調査されている[50]。もちろん酵母に加え、大腸菌[51]やヒト[52]などの代表的な生物種のタンパク質相互作用ネットワークについても網羅的に調査されている。特に、ヒトのタンパク質相互作用ネットワーク

は HIPPIE (Human Integrated Protein-Protein Interaction rEference) データベース[52] でよくまとめられている。データの更新が頻繁であり、テキストベースのデータであるため初心者でも使いやすいだろう。多くの生物種についてのデータを取得したいのならば、STRING (Search Tool for the Retrieval of Interacting Gene/Protein) データベース[53] が有名であり、使いやすいだろう。約5000種のタンパク質相互作用ネットワークを利用可能である。

　ただ、遺伝子制御ネットワーク同様、データの解釈には注意が必要である。実験的に検証された直接的な相互作用もあれば、タンパク質の配列相同性に基づいて機能的に推定された間接的な相互作用もある。これは、これらのデータベース研究が、直接的な相互作用だけでなく、間接的な相互作用も含めた包括的で客観的なネットワークをつくることを目的としているからである。目的に応じてデータを選別することが重要である。

1.3.4　代謝ネットワーク

　タンパク質の一部は酵素として代謝に関わる。代謝は生理機能や生命維持に直接関係するため表現型により近く、生体分子（ミクロ）と生命現象（マクロ）をつなぐ橋の役割を果たしている[54]。そのため、生物工学や医療分野において重要なテーマである[55]。

　代謝とは生体内における一連の化学反応であり、それをネットワークで表現したものが**代謝ネットワーク** (metabolic network) である。代謝ネットワークについてはさまざまなデータベースがある。特に有名なものとしては、KEGG (Kyoto Encyclopedia of Genes and Genomes) データベース[3] や MetaCyc データベース[56] が挙げられる。

　ただ、代謝ネットワークと一口にいっても、いくつかのネットワーク表現がある。また、代謝をネットワークで表現する際にはいくつかの注意点がある。ここでは、それらについて紹介したい。

　教科書などでよく見られる代謝経路の表現は**図 1.13**(a) のようなものだろう。MetaCyc データベースでもこれに近いネットワーク表現が用いられている。な

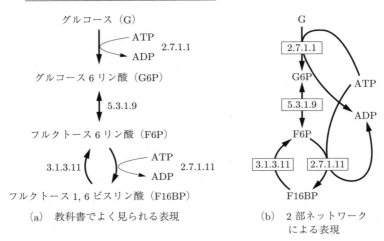

図 **1.13** 代謝経路の表現

お，図 1.13(a) に示されているのは解糖系（Embden–Meyerhof–Parnas 経路）
の一部であり，反応（矢印）の側に示される 4 組の数字は酵素番号を意味する。
この表現においては一つのエッジ（反応）の片側にノードが二つ以上ある場合
がある。このようなネットワークはハイパーグラフ[38]（任意の個数のノードと
接続できるエッジを持つグラフ）で表現することができるが，1.2.2 項で説明し
たような 2 項関係に基づくネットワークでは表現できないことがわかる。その
ため，代謝ネットワークはしばしば図 (b) に示されるような 2 部ネットワーク
を用いた表現が用いられる場合もある。例えば，KEGG データベースではこの
表現が採用されている。

　しかしながら，このような種類のネットワークはネットワーク解析手法の制
約から，便利であるとは言いがたい。もちろん，このような種類のネットワー
ク解析手法はいくつか存在するが，多くの手法は 1.2.2 項で説明したような 2 項
関係に基づく無向ネットワークや有向ネットワークを対象にしている。そのた
め，多彩なネットワーク解析技術を用いたいと考える場合，図 1.13(a) のよう
な表現から，そのようなネットワークに変換する必要がある。ここでは，研究
によく用いられている二つの表現法について触れたい。

（1）　代謝化合物ネットワーク　　代謝化合物ネットワーク（metabolic compound network）は化合物（代謝物）に注目したネットワーク表現である。代謝化合物の変換を考える上でよく用いられる。ここで頂点は代謝化合物であり，エッジは基質–生成物関係を意味する。ただ，この基質–生成物関係の定義には注意が必要である。

例として，A＋B → C＋D という化学反応を考えてみよう。この場合，左側が基質で右側が生成物であるので，単純に考えれば，A → C，A → D，B → C，B → D という四つの基質–生成物ペアが得られるだろう。このルール[57]に従うと，図 1.13(a) からは図 1.14(a) のようなネットワークが得られる。

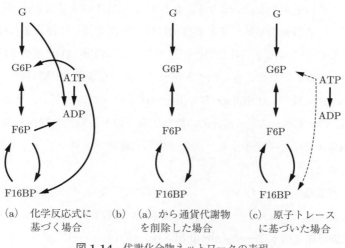

(a)　化学反応式に　　(b)　(a) から通貨代謝物　　(c)　原子トレース
　　　基づく場合　　　　　　を削除した場合　　　　　に基づいた場合

図 1.14　代謝化合物ネットワークの表現

しかしながら，例えば図 1.14(a) における，G→ADP（アデノシン二リン酸）という有向エッジは基質–生成物関係を反映していない。G は ATP 由来の P（リン酸基）の一つを受け取って G6P に変換される（結果として，ATP は ADP に変換される）。つまり，G が ADP の生成に関わることはない。このような問題は，ATP や NADH（ニコチンアミドアデニンジヌクレオチド）といった代謝反応に補助的な役割を果たす化合物（一般に通貨代謝物[58]と呼ばれる）が反応に含まれる場合に起きる。

そのため，このような通貨代謝物を削除する方法[59]が考えられている。この方法に従うと，図 1.14(b) に示されるように，先に指摘されたような生物学的に意味のないエッジの出現は避けられる。しかしながら，通貨代謝物も代謝ネットワークの一員であるにもかかわらずそれを無視することや，通貨代謝物の厳密な定義が必要であることなどの問題が残る。

このような問題を避ける一つの方法は，原子トレースを考慮することである[60],[61]。これは反応前のある化合物の原子が，反応後のどの化合物のどの原子と対応しているかを追跡することである。そのため原子トレースを考慮すれば，図 1.14(c) に示されるように，通貨代謝物を削除することなく適切な基質–生成物ペアを同定することができる。なお図 (c) において，実線が炭素原子，破線がリン原子の移動を意味する。具体的には，炭素の流れに注目すれば，解糖系における G からはじまる化合物の一連の変換と，ATP–ADP 変換を区別して見ることができる。このような原子トレースに基づく基質–生成物関係の情報は Metabolomics.JP[62] や Stelzer らの生化学反応データベース[63]，また KEGG LIGAND データベース[3]（部分的に機械的な予測を含む）で利用可能であり，これを活用することで原子トレースを考慮した代謝化合物ネットワークを得ることができる。

（**2**） **代謝反応ネットワーク**   代謝化合物ではなく，代謝反応やそれに関わる遺伝子をノードとしてネットワークを描きたい場合もあるだろう。そのような場合，**代謝反応ネットワーク**（metabolic reaction network）が役に立つ。代謝反応ネットワークはよく用いられるもう一つの代謝ネットワークの表現法[55],[59]である。ノードは酵素反応，エッジは介在する代謝物として定義される。

具体的に見ていこう。例として，三つの反応で構成される単純な代謝経路（**図1.15**(a)）を考えよう。ここで，この代謝経路は，酵素（E1–E3），代謝化合物（M1–M4），通貨代謝物（c1，c2）で構成されている。基本的に，ある反応の少なくとも一つの生成物がもう片方の反応の基質になっている場合に，その二つの反応（ノード）は隣接すると考える。このような手順でネットワークを描くと，図 (a) からは図 (b) が得られる。

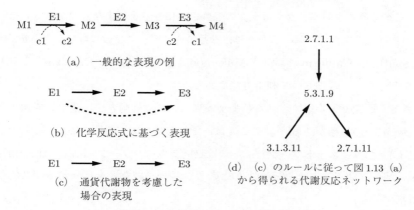

(a) 一般的な表現の例

(b) 化学反応式に基づく表現

(c) 通貨代謝物を考慮した場合の表現

(d) (c) のルールに従って図 1.13 (a) から得られる代謝反応ネットワーク

図 1.15 代謝反応ネットワークの表現

この場合，再び通貨代謝物の取り扱いが問題になる。図 1.15(a) において，反応 E1 と E3 は化合物 c2 を共有しているので，これらの反応は隣接することになる。しかしながら，これは反応順序の文脈では不適切なエッジ（図 (b) の破線）になる。このような場合，反応間において共有される化合物から通貨代謝物を除く必要がある。この手順を踏むことで，不適切なエッジの出現を避けることができる（図 (c)）。例えば，図 1.13(a) からは図 1.15(d) のような代謝反応ネットワークが得られる。

1.3.5 脳ネットワーク

生体分子だけでなく，細胞どうしもネットワークをなす。その代表が脳の神経ネットワークであろう。このような脳ネットワークの構造を理解することは神経科学における重要な課題である[64]。特に，神経精神疾患は神経ネットワークの接続障害と考えることができる。事実，統合失調症やアルツハイマー病などの理解に脳ネットワークが用いられている。脳ネットワークの全容の解明は Human Connectome Project[65] や 1000 Functional Connectomes Project[66] として行われ，ヒトの脳ネットワークの膨大なデータが蓄積されている。特に，脳ネットワークが疾病によってどのように変化するのかを明らかにすることで，遺伝子リスクのマーカーの推定や治療戦略の提案につなげることを考えている。もちろ

ん，このようなプロジェクトは上記の二つ以外にもさまざまなものがある。それらのプロジェクトの一部のデータは，患者のメタデータなども含め，University of Southern California (USC) Multimodal Connectivity Database[67] のようなデータベースにおいて利用可能である。

さて，研究でよく用いられる脳ネットワークには計測方法に基づいて大きく分けて二つの種類がある[68]。ここでは，それらについて説明する。

（1） 脳構造ネットワーク　　一つは脳構造ネットワーク（brain structural network）である。これはその名のとおり，神経接続などを反映する構造的な（解剖学的な）ネットワークである。

これまで脳の解剖学的な構造は核磁気共鳴画像（MRI；magnetic resonance imaging）を用いて解析されてきた。特に，撮影された3次元の全脳画像から，脳萎縮，脳血管障害，脳腫瘍などを評価できる。この評価は，認知症をきたす神経変性疾患の早期診断や鑑別診断に広く用いられている[69]。しかしながら，神経変性疾患は早期診断の文脈において微細な神経ネットワークの構造変化を捉える必要があるため，MRI だけでは限界があった[68]。そこで注目されてきたのが脳構造ネットワークである。

脳構造ネットワークを構築する方法としては拡散テンソル画像を用いるアプローチがある[68],[70]。拡散テンソル画像とは，一定の方向に向かって連続する神経線維を画像化したものである。これを用いると MRI よりも微細な構造変化を捉えることができる。一般に，脳構造ネットワークにおいて，ノードは脳領域，隣接関係は脳領域間の神経線維の有無に対応する。脳領域には Desikan–Killiany Atlas[71] のような脳科学分野でコンセンサスのある領域区分が用いられる。脳領域間の神経線維の数を重みと考え，重み付きネットワークとして表現することもある。

拡散テンソル画像解析は，錐体路，感覚路，視放線などの神経線維の走行と病変部位との位置関係も観察可能であり，治療計画や術前シミュレーション，治療後のフォローアップなどに有用であるとの報告[72] もある。近年では，神経症と脳構造を議論する際などにも用いられている[73]。

(2) 脳機能ネットワーク　(1)で述べた脳構造ネットワークは，短期的に見れば多かれ少なかれ固定されている（静的である）。そのため，疾病による脳の「機能的な」変化を迅速に検出するには不向きだとされる[74]。また，脳構造ネットワークは脳構造という幾何的な制約のため，長距離相互作用（例えば，空間的には離れているが共同して働く脳領域）を検出できないという問題もある。

そこで注目されるのが，もう一つの脳ネットワークである，**脳機能ネットワーク**（brain functional network）である。これは，各脳領域における信号（あるスコアの時間変化）を相関解析あるいは時系列解析を行うことにより，脳領域間の関係性を同定することで得られる。したがって，この関係性（エッジ）は脳領域間の機能の関連性を表すものであって，神経ネットワークを必ずしも反映するわけではないことに注意が必要である。ただ，脳の機能的接続性は構造的接続性に強く制約されており，安静時においては構造的接続性から機能的接続性を予測できることが知られている[75]。

脳機能ネットワークを構築する主要な方法の一つとして機能的核磁気共鳴画像（fMRI；functional MRI）が挙げられる[66]。fMRIとは（安静時における）脳内の局所的な代謝（酸素レベル）の時間的な変化を可視化する方法の一つである。この酸素レベルの時間変化を用いて関連性ネットワークを作成する。

なお，fMRIの代わりに脳波検査法（脳波）を用いて，脳機能ネットワークを作成する場合もある[76]。脳波検査はfMRIと比較すると簡単に行うことができ，患者への負担が小さいという利点がある。

1.3.6　生態系ネットワーク

ネットワークは生体内だけにとどまらない。自然界では，多くの生物は周囲の環境と相互に関連しながら，さまざまな関係性（例えば，捕食や協力）を介して複雑に相互作用することで生態系をなしている[37],[77]。このような生物間の相互作用はネットワークとして表現することができ，一般に**生態系ネットワーク**（ecological network）と呼ばれる。特に，生物多様性の維持や環境影響評価のためには，環境変動（気候変動など）が生態系の機能や安定性に与える影響を理解す

ることは重要であり[78],[79], 生態系ネットワークはこのような文脈において古くから議論されてきた[80]。また, 野外観測技術の発展やデータベースなどのインフラストラクチャーの整備によって多くの生態系ネットワークのデータが利用可能になり, 現実の生態系ネットワークを大規模に解析することができるようになった。

さて, 生態系ネットワークと一口にいってもさまざまなものがある。ここではいくつかの代表的な生態系ネットワークについて紹介する。

（1） 食 物 網　食物網 (food web) は捕食–被食 (食う, 食われるの) 関係を示すネットワークであり, 生態学の分野では古くから議論されてきた[81],[82]。食物網は, ノードが生物 (一般に生物種), エッジが捕食–被食関係に対応するネットワークとして表現される **（図1.16）**。捕食–被食関係は方向性があるため, 図1.16(a) のように有向ネットワークとして表現される。ここでは, 捕食者側から被食者側に向かう有向エッジとして捕食–被食関係を表しているが, 論文や書籍によっては, 行列演算の都合や, 栄養の流れを特徴づけるため, 逆に (つまり被食者側から捕食者側に向かう有向エッジで) 表現されることもある。捕食者当りの1日の被食者消費量 (つまり, ある捕食者が1日にどの被食者をどれだけ食べるのか) などを考慮して, 重み付き有向ネットワークとして表現する場合もある[83]。

なお, 植物と草食動物 (例えば昆虫) の食物網は, 図1.16(b) のように2部ネットワークとして表現されることもある[84],[85]。植物と草食動物のそれぞれ

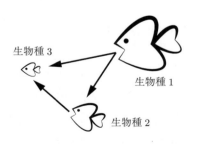

(a) 有向ネットワークによる表現

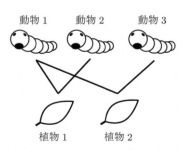

(b) 2部ネットワークによる表現

図 1.16　食物網

のノード集合を考えた場合，同じノード集合で捕食–被食関係はない（つまり，植物が別の植物を食べたり，草食動物が別の草食動物を食べることは基本的にない）と考えることができるからである。

食物網は海洋[83]や陸上[86]でよく調査されており，さまざまな観測地点での食物網データを利用可能である。例えば，GlobalWeb データベース[82]では本書執筆時点で約 350 の食物網データを利用可能である。また，Interaction Web Database[87]では，本書執筆時点で 35 の食物網のデータ（植物–草食動物や植物–アリの食物網を含む）を利用可能である。植食性昆虫と植物からなる食物網に関しては InsectInDB[85]において大規模なデータ（本書執筆時点で約 1 700 種の昆虫，約 2 600 種の植物，約 7 600 の関係）を利用可能である。

（2） **共生ネットワーク**　食物網における捕食–被食関係は，捕食者側が利益（エネルギー）を得て被食者側は不利益を被る（一般的には殺される）ような非対称な関係であるが，種間においては相互に利益が生じる協力関係が見られる場合もある。例えば，植物にはその受粉を媒介してくれる動物（おもに昆虫）がいる。また，種子を運んでくれる動物（鳥など）もいる。このような共生関係を考えることは，農学分野（森林や農業）においても重要である。

この生態系における網羅的な共生関係を示したものが**共生ネットワーク**（mutualistic network）である[88]。植物とその受粉を媒介する動物（おもに昆虫）の関係を表したネットワークは**送粉ネットワーク**（pollination network），植物とその種子を運ぶ動物（鳥など）の関係を表したネットワークは**種子散布ネットワーク**（seed-dispersal network）と呼ばれる。最近では，シークエンス技術とバイオインフォマティクス解析技術の発展から，植物とその根に共生する真菌類のネットワークについても調査できるようになっており，土壌生態系の重要性から精力的に研究が行われている[89]。

共生ネットワークにおいては，植物と動物という異なる種類のノードの間のみの隣接関係を考えるため，**図 1.17** のように 2 部ネットワークで表現される[37],[84]。相互作用の観測された回数（ある植物にある昆虫が何回訪問したか）などに基づいて重み付き 2 部ネットワークとして表現する場合もある[90]。

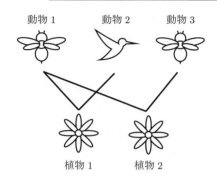

動物 1　　　動物 2　　　動物 3

植物 1　　　植物 2

図 **1.17**　2 部ネットワークで表現された
共生ネットワーク

　送粉ネットワークや種子散布ネットワークについては，前述の Interaction Web Database や，Web of Life データベース[91] において，さまざまな地域で観測されたネットワークデータを利用可能である。本書執筆時点で，Interaction Web Database では約 40 の送粉ネットワークと 12 の種子散布ネットワークを利用可能である。また，Web of Life データベースでは約 140 の送粉ネットワーク，約 30 の種子散布ネットワークのデータを，観測された緯度・経度の情報を含めて，利用可能である。

　（**3**）　**ホスト–パラサイト，ホスト–病原菌，ホスト–ファージネットワーク**
パラサイト（寄生虫）や病原菌によってさまざまな病気がもたらされることを考えると，パラサイト[92] や病原菌[93] がどの生物種をホストにするのかという**伝染病の生態学**（disease ecology）を理解することが重要である。このようなホスト–パラサイト関係やホスト–病原菌関係は異なる種類のノードの間のみの隣接関係であるため，2 部ネットワークで表現することができる。特に，2 部ネットワークで表現されたホストとパラサイトの関係は**ホスト–パラサイトネットワーク**（host-parasite network），2 部ネットワークで表現されたホストと病原菌関係は**ホスト–病原菌ネットワーク**（host-pathogen network）と呼ばれる。ホスト–パラサイトネットワークやホスト–病原菌ネットワークは病気の伝播（例えば，どの病原菌が新たにどの生物種をホストにする可能性があるのか）などを考える上で重要な役割を果たしている[94]。

　ホストについては，一般にヒトを含む動物を考えることが多いが，原核生物

（バクテリアなど）を対象とする場合もある。原核生物とそのウイルス（ファージ）との相互作用がヒトの健康[95]と生態系機能[96]の両方にとって重要だからである。このような，ウイルスとそのホスト（原核生物）の関係を2部ネットワークで表したものは，**ホスト–ファージネットワーク**（host-phage network）と呼ばれる[97]。

シークエンス技術とバイオインフォマティクス解析技術の進歩により，このような伝染病の生態学に関する相互作用の大規模データを得られるようになった。特に，ホスト–病原菌関係に関しては，Pathogen-Host Interactions database（PHI-base）[98]や Host Pathogen Interaction Database（HPIDB）[99]において多くのデータを利用可能である。例えば PHI-base（version 4.9）においては，約 200 種のホストと約 270 種の病原菌について約 14 000 の相互作用データを利用可能である。また，ホスト–ファージ関係については，Virus–Host DB[100]や Microbe Versus Phage（MVP）[101]のようなデータベースにおいて多くのデータを利用可能である。例えば MVP においては，本書執筆時点で，約 9 000 種の原核生物（ホスト）と約 18 000 種のファージ（ウイルスクラスタ）について約 26 000 の相互作用データを利用可能である。

ホスト–パラサイト関係については，文献ベースでデータが収集されており，Interaction Web Database やロンドン自然史博物館のホスト–パラサイトデータベース[102]などでデータを利用可能である。特にロンドン自然史博物館のデータベースでは多くの（少なくとも 25 万件以上）ホスト–パラサイト関係のデータを利用可能である。このデータベースからデータを抽出する場合は外部のインターフェース[103]を使用するのが便利である。

（**4**）　**微生物共起ネットワーク**　　シークエンス技術とバイオインフォマティクス解析技術の進歩によって，直接目で見ることができない，微生物の生態系についても解析することができるようになってきた。微生物もさまざまな相互作用（協力や競争）を介してたがいに関わり合いながらコミュニティを形成し，周囲の環境と相互作用している。微生物はヒトの健康[12]や地球循環[13]において重要な役割を果たしており，このような微生物群集の構造（ネットワーク）を

明らかにすることは重要である[104]。

　これまで，このような微生物生態系ネットワークについては，微生物間の相互作用を同定するためのよい方法がないため，詳しいことはわかっていなかった。しかしながら，16S リボソーム RNA（rRNA）遺伝子シークエンスやメタゲノム解析の発展によって，さまざまな生態系における，微生物群集の系統組成のスナップショットデータが大量に手に入るようになってくると，それらのデータから微生物群集における生態学的な関連性を推定することが精力的に行われるようになってきた。このような微生物どうしの生態学的な関連性を表したネットワークは**微生物共起ネットワーク**（microbial co-occurrence network）と呼ばれ[105]，ヒト腸内細菌[106],[107]や土壌微生物生態系[108],[109]の研究において，微生物生態系ネットワークを議論する上で広く用いられている。微生物共起ネットワークは相関ネットワーク解析を用いて推定されることが多い。相関ネットワーク解析については第 7 章で詳しく説明する。

1.3.7　疾病や創薬に関連するネットワーク

　疾病や創薬を考える場合は「どの遺伝子がどの疾病と関連しているのか」や「薬剤がどのタンパク質を標的とするのか」といった関係性を考える必要がある。このような関係性を考える場合に，ネットワークが用いられる場合もある。このような関係性は異質な要素間でのみ見られるため，2 部ネットワークで表現することができるからである。

　例えば，どの遺伝子がどの疾病と関連するのかを 2 部ネットワークで表現したものは**疾病–遺伝子ネットワーク**（disease-gene network）と呼ばれる[110]。このような 2 部関係をネットワークとして表現することで，関係性をわかりやすく表示することができたり，さまざまなネットワーク解析手法を用いて生物学的知見を得ることができるようになったりする。例えば疾病–遺伝子ネットワークは，疾病に共通する，あるいは特異的な遺伝子群の発見や疾病関連遺伝子の予測に用いられる[111]。

　ほかにも，薬剤とその標的タンパク質の関係を表す**薬剤–標的ネットワーク**
（drug-target network）[112]，病気とその症状の関係を表す**症状–疾病ネットワー
ク**（symptoms-disease network）[113]，どの薬剤がどの病気に効くのかを表し
た**薬剤–疾病ネットワーク**（drug-disease network）[114] などがある。これらの
ネットワークは計算機に基づく創薬において重要な役割を果たしている[115],[116]。

　このような疾病や創薬に関連する 2 部関係をまとめたデータベースとしては
Comparative Toxicogenomics Database[117] が網羅的で便利であろう。遺伝
子，化合物，疾病に関するさまざまな 2 部関係のデータを利用可能である。化
合物には，薬剤だけでなく環境汚染物質なども含まれているため，環境汚染が
ヒトの健康に与える影響[118],[119] などについても解析することができる。本書
執筆時点で，約 8 600 の遺伝子と約 5 800 の疾病について約 4 万件の疾病関連
遺伝子のデータを利用可能である。化合物–遺伝子関係に関しては，約 13 000
種の化合物と約 600 種の生物にまたがる約 5 万の遺伝子について約 220 万件の
データを，化合物–疾病関係に関しては約 99 000 種の化合物と約 3 200 の疾病
について約 22 万件のデータを利用可能である。

2 基本的な ネットワーク指標

本章では，ネットワーク解析において頻出する基本的なネットワーク指標について説明する。特に，これらの指標がどのようにネットワークを特徴づけているのか，またこれらの指標からわかってきた生物ネットワークの特徴についても説明する。さらに，これらのネットワーク指標が生物ネットワークを解析する上でどのように応用されているのかについて，研究事例を交えながら説明するとともに，以降の章の内容とどのように関連するのかについて言及する。

2.1 次　　　数

ネットワークを特徴づける最も基本的な指標は**次数**（degree）だろう。以降のすべての章における内容の基礎となる重要なネットワーク指標である。

次数とはノードに接続するエッジの本数であり，ノード i の次数は k_i と表す。次数は隣接行列 A を用いて計算することができる。

2.1.1 無向ネットワークの場合

無向ネットワークの場合，ノード i の次数 k_i は式 (1.1) で表される，隣接行列 A の要素 A_{ij} を用いて次式のように計算される。

$$k_i = \sum_{j=1}^{N} A_{ij}$$

ここで，N はネットワークサイズ（ノード数）を表す。例えば，**図 2.1**(a) にお

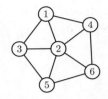 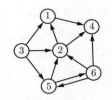 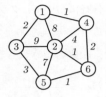

(a) 無向ネットワーク　　(b) 有向ネットワーク　　(c) 重み付きネットワーク

図 **2.1** 次数を考えるためのネットワークの例

いて，$k_1 = k_3 = k_4 = k_5 = k_6 = 3$ で，$k_2 = 5$ である。

なお，次数の総和を考えると，それぞれのエッジは端点の両方でそれぞれ，つまり 2 回重複して，数えられることになる。そのため，式 (2.1) が成り立つ。

$$\sum_{i=1}^{N} k_i = 2L \tag{2.1}$$

ここで L はエッジ数である。これは「握手の補題」としても知られ，次数の総和は必ず偶数になることを示す。

ネットワークにおける次数の（算術）平均 $\langle k \rangle$ は「ネットワークにおいてエッジがどれぐらい密に張られているか」を示す指標として用いられる。これは**平均次数**（average degree）と呼ばれ，式 (2.2) のように計算される。

$$\langle k \rangle = \frac{1}{N} \sum_{i=1}^{N} k_i \tag{2.2}$$

なお，式 (2.1) と式 (2.2) を考えれば，平均次数は式 (2.3) のように書き表せることがわかる。

$$\langle k \rangle = \frac{2L}{N} \tag{2.3}$$

ネットワークにおけるエッジの密度を表す指標としては，**グラフ密度**（graph density）もある。グラフ密度 D_G は，ノード間に張ることができるエッジ数の最大 $L_{\max}$ に対する実際のエッジ数 L の割合であり，式 (2.4) で定義される。

$$D_G = \frac{L}{L_{\max}} \tag{2.4}$$

生態学分野において，グラフ密度は**コネクタンス**（connectance）と呼ばれる場合もある[80]。単純なネットワークの場合は，$L_{\max} = \binom{N}{2} = N(N-1)/2$ であるので，次式のようにも書き表せる。

$$D_G = \frac{2L}{N(N-1)} = \frac{\langle k \rangle}{N-1}$$

2 番目の等式は式 (2.3) を用いて導かれる。

2.1.2　有向ネットワークの場合

有向ネットワークの場合，エッジには向きがあるため，次数は出力エッジに対するものと入力エッジに対するものに分けられる。それぞれを**出次数**（out-degree）と**入次数**（in-degree）と呼び，ノード i の出次数を k_i^{out}，ノード i の入次数を k_i^{in} と表す。式 (1.2) で表される，有向ネットワークの隣接行列 $\boldsymbol{A}$ の要素 A_{ij} を考えた場合，k_i^{out} と k_i^{in} は式 (2.5) のように計算される。

$$k_i^{\mathrm{out}} = \sum_{j=1}^{N} A_{ji}, \qquad k_i^{\mathrm{in}} = \sum_{j=1}^{N} A_{ij} \tag{2.5}$$

例えば，図 2.1(b) において，$k_1^{\mathrm{out}} = 1$, $k_2^{\mathrm{out}} = k_5^{\mathrm{out}} = 2$, $k_3^{\mathrm{out}} = k_6^{\mathrm{out}} = 3$, $k_4^{\mathrm{out}} = 0$ である。また，$k_1^{\mathrm{in}} = k_5^{\mathrm{in}} = 2$, $k_2^{\mathrm{in}} = k_4^{\mathrm{in}} = 3$, $k_3^{\mathrm{in}} = 0$, $k_6^{\mathrm{in}} = 1$ である。

有向ネットワークにおいて，エッジには向きがあるため，出次数（あるいは入次数）の総和を考えた場合，それぞれのエッジは片側の端点でのみ，つまり一度だけ数えられる。また，あるノードの出力エッジはいずれかのノードの入力エッジになっているため，出次数の総和は入次数の総和と等しくなる。そのため，式 (2.6) が得られる。

$$\sum_{i=1}^{N} k_i^{\mathrm{out}} = \sum_{i=1}^{N} k_i^{\mathrm{in}} = L \tag{2.6}$$

また，式 (2.2) を考えれば，式 (2.6) を N で除算することにより平均出次数 $\langle k^{\mathrm{out}} \rangle$ と平均入次数 $\langle k^{\mathrm{in}} \rangle$ を求めることができる。具体的には次式のようであり，平均出次数と平均入次数も等しくなることがわかる。

$$\langle k^{\text{out}} \rangle = \langle k^{\text{in}} \rangle = \frac{L}{N}$$

2.1.3 重み付きネットワークの場合

重み付きネットワークにおける次数は，**重み付き次数**（weighted degree）あるいは**強度**（strength）と呼ばれ[120]，ノード i の重み付き次数は s_i と表す。

無向の重み付きネットワークの場合，ノード i の重み付き次数 s_i は，式 (1.3) で表される重み付き隣接行列 $\boldsymbol{W}$ の要素 W_{ij} を用いて，次式のように計算される。

$$s_i = \sum_{j=1}^{N} W_{ij}$$

例えば，図 2.1(c) において，$s_1 = s_5 = 11$，$s_2 = 29$，$s_3 = 14$，$s_4 = 7$，$s_6 = 4$ である。なお，有向の重み付きネットワークを考える場合は，重み付き隣接行列において，W_{ij}（つまりノード j から i に接続するエッジ）と W_{ji}（つまりノード i から j に接続するエッジ）を区別し，式 (2.5) のように出力エッジと入力エッジを分けて計算すればよい。

2.1.4 次 数 分 布

ネットワークの構造を特徴づけるために平均次数だけを見るのは心もとない。ネットワークが密であるかどうか程度しかわからないからである。ネットワークにおける次数をより詳細に知るための素朴なアプローチとしては，その分布に注目することが考えられる。この分布は**次数分布**（degree distribution）と呼ばれ，現実のネットワークにおける興味深い特徴を明らかにしてきた。具体的には，次数分布 $P(k)$ はネットワークにおける（N 個のノードのうち）次数 k を持つノードの個数の割合を示し，次式のように計算される。

$$P(k) = \frac{1}{N} \sum_{i=1}^{N} \delta(k_i, k)$$

ここで，$\delta(k_i, k)$ はクロネッカーのデルタ関数を表し，$k_i = k$ なら $\delta(k_i, k) = 1$，そうでないなら $\delta(k_i, k) = 0$ となる関数である。

次数分布は確率分布としての性質を持っているため

$$\sum_{k=0}^{k_{\max}} P(k) = 1$$

となる。また，平均次数 $\langle k \rangle$ は次式のようにしても計算することができる。

$$\langle k \rangle = \sum_{k=0}^{k_{\max}} k P(k)$$

ここで，$k_{\max}$ はネットワークにおける最大次数を表す。

同様にして，有向ネットワークの場合は，出次数分布 $P(k^{\mathrm{out}})$ と入次数分布 $P(k^{\mathrm{in}})$ を考えることができる。また，重み付きネットワークの場合は，強度（重み付き次数）分布 $P(s)$ を考えることができる。

2.1.5　スケールフリー性

さて，実際の生物ネットワークの次数分布はどのようになっているのだろうか。ここでは，大腸菌の遺伝子制御ネットワーク[39]（$N = 1\,202$, $\langle k \rangle = 4.7$），タンパク質相互作用ネットワーク[51]（$N = 1\,673$, $\langle k \rangle = 7.1$），代謝化合物ネットワーク[3]（$N = 879$, $\langle k \rangle = 2.6$）に注目して，それらの次数分布を見てみよう。ただし，それぞれのネットワークは無向ネットワークとして表現され，ネットワークの最大連結成分のみが解析に用いられている†。

図 2.2 に，これら生物ネットワークの次数分布 $P(k)$ が示されている。両対数プロットで表示されていることに注意してほしい。すべてのネットワークにおいて $P(k)$ は次数 k の増加にしたがってほぼ直線的に減少している。つまり，次数は式 (2.7) のような**べき分布**（power-law distribution）に従っているといえる。

$$P(k) \propto k^{-\gamma} \tag{2.7}$$

ここで γ は定数であり，**次数指数**（degree exponent）とも呼ばれる。

---

†　最大連結成分に注目するのは平均最短経路長（2.4.1 項）の議論を簡単にするためである。次数分布はこのような処理をしなくても計算することができる。

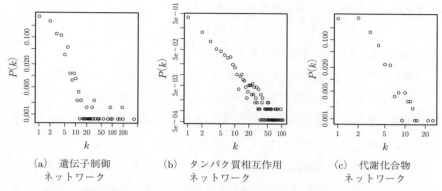

（a）遺伝子制御
　　　ネットワーク

（b）タンパク質相互作用
　　　ネットワーク

（c）代謝化合物
　　　ネットワーク

図 2.2　大腸菌の生体分子ネットワークの次数分布 $P(k)$ の両対数プロット

　これらの生物ネットワークを含め，現実のネットワークの多くはその次数が
べき分布に従い，次数指数 γ は経験的に 2 から 3 程度であることが知られてい
る[29),30)]。このような次数分布のべき乗則は**スケールフリー性**（scale-freeness）
と呼ばれる。これは，**図 2.3** に示されるように，ほとんどのノードは少数のエッ
ジしか持たないが，ごくまれに非常に多くのエッジを持つノードがある，という

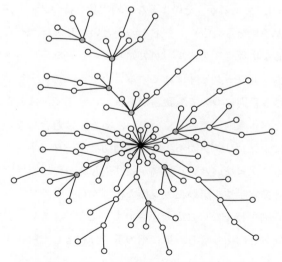

図 2.3　次数分布 $P(k) \propto k^{-3}$ を示すスケールフリー
ネットワークの例

ことを示す。なお，エッジを多く（高い次数を）持つノードのことをハブ（hub）と呼ぶ†。図 2.3 において，ノードは次数 k の値によって色分けしている（白：$k < 5$，灰色：$5 \leqq k < 10$，黒：$k \geqq 10$）。

スケールフリー性は，元論文[121]においては，異なるスケールの多様なネットワークで変わらずに観測される性質（例えば，上記の遺伝子制御ネットワークや代謝化合物ネットワークのように，対象となるシステムが変わったとしても観測され，同じネットワークにおいても生物種によってノード数，つまりスケールが変わったとしても観測されるという一種のスケール不変性）として言及されている。しかしながら，次数分布のべき乗則は必ずしもそのようなスケール不変性を反映するわけではないという指摘[122]~[124]を考慮してか，現在では異なる説明がなされている。

現在のスケールフリーネットワークの説明において，スケールとは次数の平均値（代表的な次数）のことを意味する。式 (2.7) で示されるような，べき分布において平均値を議論することは統計的に意味がない。例えば，図 2.2(a) に示される大腸菌の遺伝子制御ネットワークの次数分布から得られる平均値（平均次数）は $\langle k \rangle = 4.7$ であるが，そのような平均次数を持つノードがネットワークの代表的な（大多数を占める）ノードなのかといわれれば，そうではない。このように代表的な次数（スケール）が欠如している（ない）ネットワークがスケールフリーネットワークと呼ばれている[125],[126]。

次数分布のべき乗則についても議論がある。これまで，ほとんどの場合データは期待されたべき乗則に適合していない，あるいは適合しているように見える場合は，単にサンプリングの不手際や不適切なデータ（ネットワーク）表現に起因しているにすぎないという指摘が繰り返しあった[123],[124],[127]~[129]。特に，最新の統計推定手法を用いた大規模な検証から，多くのネットワークの次数分布はべき乗則を持たないことが示されている[130]。スケールフリー性については，べき分布とは切り離し，単に裾の重い分布として解釈するのが妥当だ

---

† ハブに明確な（何本以上であればハブであるというような）定義があるわけではないが，研究によっては統計的な基準を用いてハブが決められる場合もある（6.4 節を参照）。

ろう。

　とはいうものの，このような次数分布の傾向（裾の重さ）を考えることは役に
立つ。次数分布はネットワークの頑健性[131]やダイナミクス[31),132)]を支配する
ことが知られているからである。特に，スケールフリーネットワークはハブに
対する攻撃に脆弱であることが知られている[131]。ハブを機能させないように
すれば，ネットワークはすぐに分断されてしまい，結果として，機能しなくな
ると考えられるからである。そのため，生体分子ネットワークにおいてハブは
生存に対して必須である可能性が高いと考えられる。事実，タンパク質相互作
用ネットワークにおけるハブは生存に必須なタンパク質であることが多い[133]。
これについては，4.2節で解説する次数中心性とも関連するので，そちらも参照
してほしい。

　このような裾の重い次数分布のさらなる重要性や意義，またその分布の出現
メカニズムに関しては，いくつかのネットワークモデルを通して議論する必要
がある。そのため，これらについては第3章「ネットワークモデル」で詳しく
説明する。

2.2　次　数　相　関

　次数は確かにネットワークを特徴づける重要な指標であるが，それは単にあ
るノードに隣接するノードの数というだけである。そのため，単に次数や次数
分布に注目するだけでは，ネットワークの構造に関する情報の多くを失うこと
になる。ネットワークの構造をよりよく特徴づけるための一つのアプローチと
して，前節で説明した次数を素朴に拡張し，**次数相関**（degree correlation）に
注目することが考えられる[134]。次数相関とは，**図2.4**に示されるように，エッ

図 **2.4**　次数相関の概念図

ジの端点間（隣接ペア）の次数の相関を意味する。これはネットワークにおける隣接ペアの次数がどのような傾向にあるかを示す。同じ次数を持つようなノードどうしが隣接する傾向にあるのか，それとも小さな次数を持つノードは大きな次数を持つノード（ハブ）と隣接する傾向にあるのか，といったようにである。少なくとも単に次数を見るよりは，次数相関に注目することでネットワークの特徴をよりよく捉えることができると考えられる。

2.2.1 同 類 度 係 数

次数相関の程度は同類度係数（assortativity coefficient）によって定量化される。これは，隣接ペアの次数に対する一種のピアソンの積率相関係数として計算される[134]。具体的には，無向ネットワークの同類度係数 AC は式 (2.8) のように計算され，-1 から 1 の範囲をとる。

$$AC = \frac{\frac{1}{L}\sum_{(i,j)\in E} k_i k_j - \left[\frac{1}{2L}\sum_{(i,j)\in E}(k_i + k_j)\right]^2}{\frac{1}{2L}\sum_{(i,j)\in E}(k_i^2 + k_j^2) - \left[\frac{1}{2L}\sum_{(i,j)\in E}(k_i + k_j)\right]^2} \tag{2.8}$$

ここで，E はエッジの集合であり，i と j は隣接ペアを意味する。この式からもわかるように，隣接関係 A_{ij} を考慮して隣接ペアの次数（それぞれ k_i と k_j）の傾向を特徴づけている。

同類度係数 AC に基づいて，ネットワークの構造はつぎのように解釈される。また，同類度係数 AC によるネットワーク構造の違いが図 2.5 に示される。

（ 1 ） $AC > 0$ の場合　　この場合，ネットワークは同類（assortative）であるといい，ネットワークにおいては同じような次数を持つノードどうしが隣接する傾向にある。次数の小さいノードは次数の小さいノードと，次数の大きいノードは次数の大きいノードと隣接するといったようにである。そのためネットワークは，図 2.5(a) に示されるように，次数の大きいノードどうしが隣接することで形成される中心的な部分ネットワーク（コア）を持ち，そのコアの周辺に次数の小さいノードどうしが隣接することで形成される部分ネットワーク

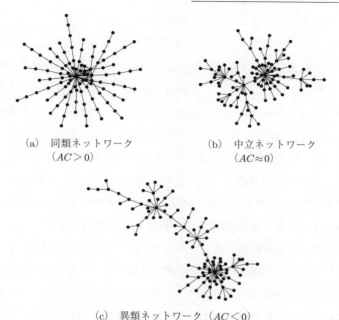

(a) 同類ネットワーク
(AC > 0)

(b) 中立ネットワーク
(AC ≈ 0)

(c) 異類ネットワーク（AC < 0）

図 2.5 同類度係数 AC によるネットワーク構造の違い

が接続するという階層構造を持つ[135]。特に，AC が大きい場合，このような構造は玉葱状構造とも呼ばれる[136),137]。

（2）$AC \approx 0$ の場合 この場合，ネットワークは中立（neutral）であるといい，ネットワークにおいては隣接ペアの次数には明確な傾向は見てとれない（相関がない）ことを意味する。これは，ネットワークが次数分布に従ってほぼランダムに構成されていることを示唆している（図 2.5(b)；3.6 節も参照）。

（3）$AC < 0$ の場合 この場合，ネットワークは異類（disassortative）であるといい，ネットワークにおいては異なる次数を持つノードどうしが隣接する傾向にある。次数の小さいノードは次数の大きいノードと，次数の大きいノードは次数の小さいノードと隣接するといったようにである。そのためネットワークは，図 2.5(c) に示されるように，大きな次数を持つノードと小さな次数を持つノードからなるスター状のいくつかの部分ネットワークが，次数の小

さいノードを介してつながるような非階層構造を持つ[136]。

　生物ネットワークはさまざまな同類度係数 AC を示す。例えば，2.1.5 項で取り上げた大腸菌の遺伝子制御ネットワークにおいては $AC = -0.34$ であり，異類ネットワークに分類される。大腸菌のタンパク質相互作用ネットワークや代謝化合物ネットワークにおいてはどちらも $AC = 0.05$ であり次数相関はほぼないといえる。同類ネットワークの代表例はタンパク質構造ネットワークである[48]。例えば，1.3.2 項の図 1.11 で示したアクチン結合タンパク質の立体構造に対するタンパク質構造ネットワーク（$N = 126$, $\langle k \rangle = 9.8$）においては $AC = 0.41$ である。特に，タンパク質構造ネットワークの同類度係数はタンパク質のフォールディング速度と正に相関することが知られている[48]。同類ネットワークはある種の階層構造であるため，そのような階層構造がタンパク質フォールディングの加速化に対して有利に働いていると考えられている。

　このような次数相関は，重要なノードがどのようにネットワーク上に分布しているのかについても洞察を与えてくれる。例えば，同じ次数分布を持つネットワークであったとしても，同類度の高いネットワークはハブに対する攻撃に対して非常に高い頑健性を示すことが知られている[136],[137]。図 2.5(a) に示されるように，同類ネットワークはハブどうしが密につながっているため，一つのハブを取り除いたとしても，残っているそのほかのハブを通してネットワークが連結している。しかしながら，図 (c) に示されるように同類度の低い（異類）ネットワークにおいて，ハブはそれぞれ独立しており，一つのハブを削除すればネットワークは迅速に崩壊することがわかる。また，ネットワークのダイナミクスを制御するためのノード集合のサイズ（第 5 章）にも大きく影響することが知られている[138],[139]。

2.2.2　同類度係数の拡張版

　式 (2.8) で示される同類度係数は重み付きでない無向ネットワークに対するものであるが，次数（k_i と k_j）を重み付き次数（強度；s_i と s_j）に置き換えることで重み付きネットワークにも拡張できる[140]。具体的には，無向の重み

付きネットワークの同類度係数 AC^w は式 (2.9) のように書ける。

$$AC^w = \frac{\frac{1}{L_W}\sum_{(i,j)\in E} s_i s_j - \left[\frac{1}{2L_W}\sum_{(i,j)\in E}(s_i + s_j)\right]^2}{\frac{1}{2L_W}\sum_{(i,j)\in E}(s_i^2 + s_j^2) - \left[\frac{1}{2L_W}\sum_{(i,j)\in E}(s_i + s_j)\right]^2} \quad (2.9)$$

ここで，L_W は重みの総和であり，$L_W = \sum_{i=1}^{N-1}\sum_{j=i+1}^{N} W_{ij}$ である。

　有向ネットワークの場合は，エッジに方向性があるため，出次数と入次数の組合せを考慮する必要がある。図 **2.6** に示されるように，4 種の次数相関が考えられ，このそれぞれについて同類度係数を考えればよい。

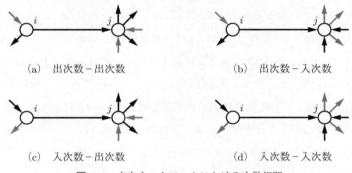

(a)　出次数－出次数　　　　　　　(b)　出次数－入次数

(c)　入次数－出次数　　　　　　　(d)　入次数－入次数

図 **2.6**　有向ネットワークにおける次数相関

　具体的には，有向ネットワークの同類度係数 $AC^{(\alpha,\beta)}$ は式 (2.10) のように表される[138),141)]†。

$$AC^{(\alpha,\beta)} = \frac{\frac{1}{L}\sum_{(i,j)\in E}\left(k_i^{(\alpha)} - \bar{k}_+^{(\alpha)}\right)\left(k_j^{(\beta)} - \bar{k}_-^{(\beta)}\right)}{\sigma_{k_+^{(\alpha)}}\sigma_{k_-^{(\beta)}}} \quad (2.10)$$

ここで，α と β は in か out のいずれかに対応する。E は，図 2.6 に示されるように，ノード i が出力側の端点，ノード j が入力側の端点となるエッジの集合

---

†　$AC^{(\alpha,\beta)}$ は無向ネットワークの同類度係数（式 (2.8)）を拡張することで得ることもできるが，式が複雑になるため，ここではピアソンの積率相関係数を直接用いる同類度係数を紹介する。

である。例えば，$(\alpha, \beta) = (\text{out}, \text{out})$ と設定すれば，図 2.6(a) に示されるような，出次数–出次数相関に対する同類度係数に対応する。また，$\bar{k}_+^{(\alpha)}$ と $\bar{k}_-^{(\beta)}$ は，それぞれ出力側の端点における $k^{(\alpha)}$ の平均値と，入力側の端点における $k^{(\beta)}$ の平均値を意味する。$\sigma_{k_+^{(\alpha)}}$ と $\sigma_{k_-^{(\beta)}}$ は，それぞれ出力側の端点における $k^{(\alpha)}$ の標準偏差と，入力側の端点における $k^{(\beta)}$ の標準偏差を示している。

式 (2.10) における，次数 $(k_i^{(\alpha)}$ と $k_j^{(\beta)})$ を重み付き次数 $(s_i^{(\alpha)}$ と $s_j^{(\beta)})$ に，L を L_w に置き換えれば，重み付きの有向ネットワークに対する同類度係数に拡張することもできる。

2.3 クラスタ係数

隣接ノードについて解析するならば**クラスタ係数**（clustering coefficient）も役に立つ。これは，任意のノードに隣接するノードどうしがどれだけ密につながっている（複雑）かを表す基本的なネットワーク指標である。具体的に，クラスタ係数は隣接ノード集合で構築される部分ネットワークに対するグラフ密度（隣接ノード間に張ることができるエッジの最大本数に対して，その隣接ノード間に実際に張られているエッジの本数の割合）として定義される[29),142)]。

2.3.1 各ノードに対するクラスタ係数

ノード i の次数を k_i とすると，k_i 個の隣接ノードが存在する。このとき，k_i 個の隣接ノード間に張ることができるエッジの最大本数は $\binom{k_i}{2}$ である。ここで，k_i 個の隣接ノード間に実際に張られているエッジの本数を L_i とすると，ノード i のクラスタ係数 C_i は式 (2.11) のように記述される。

$$C_i = \frac{L_i}{\binom{k_i}{2}} = \frac{2L_i}{k_i(k_i - 1)} \tag{2.11}$$

クラスタ係数は，隣接ノード集合で構築される部分ネットワークに対するグラフ密度として見ることができる。なお，$k_i = 1$ もしくは $k_i = 0$ である場合は，$C_i = 0$ とする。ここで，L_i は隣接行列の要素 A_{ij} を用いて次式のように記述

することもできる。

$$L_i = \frac{1}{2} \sum_{j=1}^{N} \sum_{h=1}^{N} A_{ij} A_{ih} A_{jh}$$

この式からもわかるように，L_i は三角形（3ノードの完全グラフ）の数に対応している。クラスタ係数は3ノード間の関係性を特徴づける指標と考えることもできる。

図 **2.7** には次数 3 を持つノード i のクラスタ係数の例が示されている。$k_i = 3$ であるため，隣接ノード間に張ることができるエッジの最大本数は $\binom{3}{2} = 3$ である。図 2.7(a) では，$L_i = 0$ であるので，$C_i = 0$ となる。L_i の数が大きくなれば，C_i も大きくなり（図 (b)），すべての隣接ノード間にエッジがあれば $C_i = 1$ となる（図 (c)）。

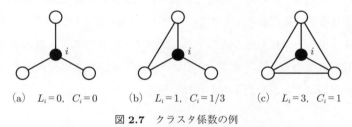

(a)　$L_i = 0,\ C_i = 0$　　　(b)　$L_i = 1,\ C_i = 1/3$　　　(c)　$L_i = 3,\ C_i = 1$

図 **2.7**　クラスタ係数の例

2.3.2　平均クラスタ係数

式 (2.11) は，それぞれのノードに対するクラスタ係数であるが，ネットワーク全体のクラスタ係数を見たい場合は，次式のような平均クラスタ係数を用いる[†]。

$$\langle C \rangle = \frac{1}{N} \sum_{i=1}^{N} C_i$$

[†]　なお，ネットワークのクラスタ性を定量化する場合，推移度（transitivity）[23]が用いられることもある。具体的に，推移度は [3 × 三角形の数]/[3 ノードで構成される部分ネットワークの数] として定義される。

　詳細は第3章「ネットワークモデル」で述べるが，生物ネットワークを含む現実のネットワークのクラスタ係数は高いことが知られている。この高いクラスタ係数は現実のネットワークが高度にクラスタ化されていることを意味している。このことは，ネットワークにコミュニティ構造があることとも関連している。これについては，第6章で詳しく説明したい。

　クラスタ係数に注目するだけでもいろいろとわかることがある。例えば，タンパク質構造ネットワークの平均クラスタ係数はタンパク質のフォールディング速度と負に相関することが知られている[48]。これは，それぞれのアミノ酸残基周辺の複雑な構造を適切にフォールドさせるためにはより多くの時間を要するためだと考えられる。また，高温で生育する微生物の代謝ネットワークの平均クラスタ係数は，常温で生育するそれよりも小さくなることが知られている[143]。これは，高温においては酵素に対して強い選択圧がかかるため，冗長な代謝経路が許されないためだと考えられている[144]。さらに，アルツハイマー病患者の脳機能ネットワークは健康な人のそれと比べて平均クラスタ係数が小さくなることが知られている[145]。アルツハイマー病により，高度に構造化されたネットワークが崩壊するためだと考えられている。

2.3.3　重み付きクラスタ係数

　クラスタ係数は，重み付きネットワークに対しても拡張することができる。Barrat らの重み付きクラスタ係数[120] がよく用いられている。具体的に，ノード i の重み付きクラスタ係数 C_i^w は式 (2.12) のように定義される。

$$C_i^w = \frac{1}{s_i(k_i - 1)} \sum_{j=1}^{N} \sum_{h=1}^{N} \frac{W_{ij} + W_{ih}}{2} A_{ij} A_{ih} A_{jh} \qquad (2.12)$$

ここで，A_{ij} は重み付き隣接行列の要素 W_{ij} から得られる隣接行列の要素を意味する。つまり，もし $W_{ij} \neq 0$ であるなら $A_{ij} = 1$，そうでないなら $A_{ij} = 0$ となる。また，k_i は重み付きネットワークに対する（重み付きネットワークを重みなしネットワークとみなした場合の）次数であり，$k_i = \sum_{i=1}^{N} A_{ij}$ である。

式 (2.12) は，隣接するノードのうち三角形を構成するものに接続するエッジの重みを考慮してクラスタ係数を計算する。そのため，三角形（クラスタ）を構成するがエッジの重みがより大きいものについてはそのクラスタ係数をより多く見積もることができる。このように，エッジの重みを考慮してクラスタ化の度合いを差別化することができる。

2.4　最　短　経　路　長

隣接するノードだけでなく，さらに遠くにあるノードとの関係についても考えたい場合がある。このような場合，**最短経路**（shortest path）に注目するのが一般的なアプローチである。特に，中心性解析（第 4 章）では重要な役割を果たす。

最短経路とは，与えられた二つのノードを始点，終点とする経路（1.2.4 項を参照）のうちその長さが最短のものを指す。また，その最短経路の長さを**最短経路長**（shortest path length）と呼ぶ。例えば，**図 2.8** において，ノード 3 から 4 への経路を考える場合，P_1: 3–2–4 と P_2: 3–2–1–4 という二つの経路が考えられるが，長さが最も短いものは P_1 であるため，最短経路は P_1 となり，最短経路長は 2 となる。

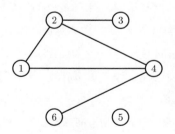

図 2.8　最短経路長を考えるための
ネットワークの例

ここで，始点がノード i であり終点がノード j である最短経路の長さを $d_{SP}(i, j)$ で表す。始点と終点のすべての組みを考えた場合，$d_{SP}(i, j)$ はそれ自身を i 行 j 列目の要素と見ることで $N \times N$ の行列として表現することもできる。例え

ば，図 2.8 のネットワークを考えた場合，つぎのような最短経路長の行列を得られる。

$$
\begin{pmatrix}
0 & 1 & 2 & 1 & \infty & 2 \\
1 & 0 & 1 & 1 & \infty & 2 \\
2 & 1 & 0 & 2 & \infty & 3 \\
1 & 1 & 2 & 0 & \infty & 1 \\
\infty & \infty & \infty & \infty & 0 & \infty \\
2 & 2 & 3 & 1 & \infty & 0
\end{pmatrix}
$$

ここで，自分自身が始点であり終点である場合は，距離 0 で到達すると考える。そのため，対角成分 $d_{SP}(i,i) = 0$ となる $(i = 1, \dots, N)$。また，始点のノードから終点のノードに到達不可能である場合，これらのノードは同じ連結成分に属しておらず，無限大の距離で到達可能と考える。そのため，そのようなノードペアに対しては $d_{SP}(i,j) = \infty$ となる。図 2.8 において，ノード 5 はそのほかのノードとは異なる連結成分に属しており，そのほかのどのノードからも到達不可能である。そのため，$d_{SP}(5,i) = d_{SP}(i,5) = \infty$ $(i = 1, \dots, N$ ；ただし $i \neq 5)$ となっている。

　有向ネットワークの場合，最短経路長は出力エッジをたどって得られる最短経路に基づくもの $d_{SP}^{\mathrm{out}}(i,j)$ と，入力エッジをたどって得られる最短経路に基づくもの $d_{SP}^{\mathrm{in}}(i,j)$ に分けて考えられる。また，無向ネットワークの場合は $d_{SP}(i,j) = d_{SP}(j,i)$ という対称関係が成り立つが，有向ネットワークの場合はエッジに向きがあるため，そのような対称関係は保証されない。つまり，$d_{SP}^{\mathrm{out}}(i,j) \neq d_{SP}^{\mathrm{out}}(j,i)$ や $d_{SP}^{\mathrm{in}}(i,j) \neq d_{SP}^{\mathrm{in}}(j,i)$ となる場合がある。ただ，$d_{SP}^{\mathrm{out}}(i,j) = d_{SP}^{\mathrm{in}}(j,i)$ は成り立つ。出力エッジをたどって得られる最短経路を逆方向に見ると，終点 j から始点 i に入力エッジをたどって戻ることができるからである。これは，入力エッジをたどって得られるノード j から i への最短経路に対応する。

2.4.1 平均最短経路長

最短経路長を用いた最も単純に考えられるネットワーク指標は**平均最短経路長**（average shortest path length）であるだろう。平均最短経路長 $\langle d \rangle$ は，任意の2ノード間の平均的な最短経路長を意味しており，式 (2.13) で計算される。

$$\langle d \rangle = \frac{1}{N(N-1)} \sum_{i=1}^{N} \sum_{\substack{j=1 \\ j \neq i}}^{N} d_{SP}(i,j) \tag{2.13}$$

なお，有向ネットワークの平均最短経路長を計算する場合は，$d_{SP}(i,j)$ の代わりに $d_{SP}^{\mathrm{out}}(i,j)$ か $d_{SP}^{\mathrm{in}}(i,j)$ を用いる。

詳細は第3章「ネットワークモデル」で述べるが，生物ネットワークを含む現実のネットワークの平均最短経路長はネットワークサイズに比べてきわめて小さいことが知られている。この小さな平均最経路長は，現実のネットワークはその大きさにもかかわらず小さくまとめられていることを意味している。なお，2.3節では現実のネットワークは高度にクラスタ化されていることを紹介した。このように，高いクラスタ性を示しながらも小さな平均最短経路長を持つようなネットワークはスモールワールドネットワークと呼ばれる[142], [146]。多くの現実のネットワークはスモールワールドネットワークである。スモールワールドネットワークの重要性やその意義については第3章で詳しく説明する。

2.4.2 大 域 効 率 性

しかしながら，平均最短経路長は使いづらい側面もある。式 (2.13) からもわかるように，到達不可能なノードペアがある場合，$\langle d \rangle = \infty$ となる。これを避けるためには，ネットワークの最大連結成分（有向ネットワークの場合は，最大強連結成分）のみを抽出して計算することが考えられる。また，最短経路長の行列から無限大（∞）となる要素を除外して平均値を計算する場合もある。

このように到達不可能なノードペアが存在する場合は，**大域効率性**（global efficiency）が便利である。具体的に，大域効率性 Eff_g は式 (2.14) のように定義される[147]。

$$\text{Eff}_g = \frac{1}{N(N-1)} \sum_{i=1}^{N} \sum_{\substack{j=1 \\ j \neq i}}^{N} \frac{1}{d_{SP}(i,j)} \tag{2.14}$$

基本的にこれは平均最短経路長（式 (2.13)）と同じであるが，$d_{SP}(i,j)$ の逆数を考えることで，$d_{SP}(i,j) = \infty$ となるノードペアがある場合でも，その影響なく値を計算することができる。

なお，大域効率性はネットワークにおける情報などの伝達の効率性と解釈される。大域効率性が高い場合，ノードどうしは短い経路でつながっており，おたがいに迅速に情報などをやりとりできると解釈できるからである。

特に，大域効率性は脳ネットワーク研究でよく用いられる。例えば，アルツハイマー病患者の脳ネットワークの大域効率性は健康な人のそれよりも小さくなることが知られている[145),148)]。これは，アルツハイマー病によって脳ネットワークにおける情報伝達が乱れ（つまり大域効率性が低下し），認知障害が引き起こされることに対応すると考えられている。

3 ネットワークモデル

ネットワーク解析においては，いくつかのネットワークモデルが基礎にあり，これらのモデルの理解を避けて通れない。これらのモデルは，ネットワークを理解したり解釈したりする場合はもちろんのこと，ベンチマークとして用いられ，例えば現実のネットワークにおける意味のある性質を評価するための基準として用いられたりする。ここでは，ネットワーク解析でよく用いられるネットワークモデルとそれらの代表的な性質について説明する。

3.1 Erdős–Rényi のランダムネットワークモデル

ネットワーク解析の基礎に位置づけられる最も有名なネットワークモデルは**Erdős–Rényi モデル**（Erdős–Rényi model）[149] だろう。このネットワークモデルの数学的な性質は書籍 150) に詳しい。

3.1.1 Erdős–Rényi モデル

Erdős–Rényi モデルはランダムネットワーク（random network）のモデルの一種であり，論文などでは単にランダムネットワークと呼ばれる場合もある。数学的な取り扱いやすさから，同期現象や感染症の伝播など，多くの分野のネットワーク化されたシステムを記述する理論（モデル）の基礎として用いられている[21), 24), 26), 30)]。

具体的には，Erdős–Rényi のランダムネットワーク（グラフ）は，N 個のノードを考え，各ノードペアに対して確率 p でエッジを張ることによって生成される

（**図 3.1**）。単純なネットワーク（多重エッジと自己ループのない無向ネットワーク）では，最大で $\binom{N}{2} = N(N-1)/2$ 個のノードペアを考えることができる。

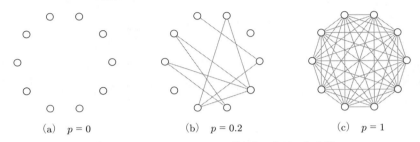

　　(a)　$p = 0$　　　　　　(b)　$p = 0.2$　　　　　(c)　$p = 1$

図 3.1　Erdős–Rényi のランダムネットワークの例

　$p = 0$ ならば，エッジは存在せず，孤立したノードのみで構成されるネットワークが得られる（図 3.1(a)）。$p = 1$ ならば，すべてのノードペアにエッジが張られる（図 (c)）。つまり，完全グラフになる。$0 < p < 1$ ならば，エッジはほどほどの本数が張られる（図 (b)）。

　では，何本のエッジが張られるのだろうか。もちろんエッジの出現は確率的であるので，最終的に張られるエッジの本数はばらつく[†]。ただ，可能なノードペアに対して確率 p でエッジを張るので，エッジの本数 L の期待値はただちに次式のようになることがわかる。

$$L = p\binom{N}{2} = p\frac{N(N-1)}{2}$$

また，平均次数は $\langle k \rangle = 2L/N$ であることを考えれば，次数の期待値が式 (3.1) になることはすぐにわかる。

$$\langle k \rangle = p(N-1) \tag{3.1}$$

3.1.2　次　数　分　布

　次数についてより詳しく考えるために，次数分布 $P(k)$ について考えてみる。$P(k)$ は，あるノードが次数 k を持つ確率と考えることができる。ノードが（正

---

†　その本数は二項分布に従う[30]。

確に）k 本のエッジを持つということは，自分以外の $(N-1)$ 個のノードのうち k 個とつながり，$(N-1-k)$ 個のノードとはつながらないことを意味する。そのため，隣接ノード（どのノードとつながるか）を区別する場合，ノードが k 本のエッジを持つ確率は $p^k(1-p)^{N-1-k}$ となる。しかしながら，次数分布を考える場合，単に k の隣接ノードがあればよいだけなので，隣接ノードを区別する必要はない。隣接ノードの区別をなくす場合は，（$(N-1)$ 個のノードから選ばれた）k 個の隣接ノードの組合せの数を考えればよい。これは $\binom{N-1}{k}$ である。したがって，Erdős–Rényi のランダムネットワークにおける次数分布 $P(k)$ は式 (3.2) のように記述される。

$$P(k) = \binom{N-1}{k}p^k(1-p)^{N-1-k} \tag{3.2}$$

つまり，次数は**二項分布**（binomial distribution）に従う。これは図 **3.2** で示されるような釣鐘型の分布である。

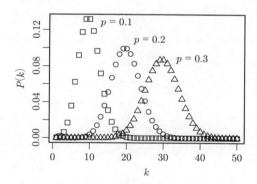

図 **3.2** Erdős–Rényi のランダムネットワークにおける次数分布の例（$N = 100$）

この二項分布の平均から平均次数を考えることもできる。具体的には，$\displaystyle\sum_{k=0}^{N-1} kP(k)$ $= p(N-1)$ であり，式 (3.1) と一致することがわかる。

二項分布は**ポアソン分布**（Poisson distribution）とも関連がある。場合によっては，ポアソン分布を考えるほうが問題を単純化することができるので，この関係性は役に立つ。具体的には，ネットワークが疎である，つまりネット

ワークの大きさに対して平均次数がかなり小さい（$\langle k \rangle \ll N$）場合は，式 (3.3) で示されるポアソン分布で近似できることが知られている[29),30)]。

$$P(k) = \frac{\mathrm{e}^{-\langle k \rangle}}{k!} \langle k \rangle^k \tag{3.3}$$

この分布の性質を考えれば，平均はもちろん $\langle k \rangle$ である。

3.1.3 平均最短経路長

全体的なネットワークの特徴として，平均最短経路長について考えてみよう。おおよその傾向（近似式）ならば，つぎのように考えることで求めることができる。

Erdős–Rényi のランダムネットワークにおいては，どのノードについても次数はおおよそ $\langle k \rangle$ である。そこで，すべての親ノードが $\langle k \rangle$ 個の子ノードを持つような分岐木（**図 3.3**）を考える。このとき，距離 0（$d = 0$）で到達できるのは自分自身の一つだけである。距離 1（$d = 1$）で到達できるノードの数は $\langle k \rangle$ であり，距離 2（$d = 2$）で到達できるノードの数は $\langle k \rangle^2$ である。つまり，距離 d で到達できるノードの数は $\langle k \rangle^d$ である。

このとき，距離 0 から d までに到達したノードの数 N_d^{arrived} は次式のように記述できる。

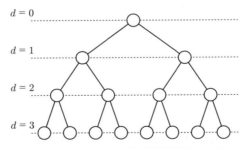

図 3.3 分岐木を用いた平均最短経路長の求め方の概念図（$\langle k \rangle = 2$ の場合）

$$N_d^{\mathrm{arrived}} = \sum_{s=0}^{d} \langle k \rangle^s = \frac{\langle k \rangle^{d+1} - 1}{\langle k \rangle - 1} \approx \langle k \rangle^d$$

平均最短経路長 $\langle d \rangle$ とは，すべてのノードに到達することができる平均的な最短経路長であるので，それは $N_d^{\mathrm{arrived}} = N$ となる d に対応すると考えることができる。したがって，$\langle k \rangle^{\langle d \rangle} = N$ より，式 (3.4) を得る[†]。

$$\langle d \rangle = \frac{\ln N}{\ln \langle k \rangle} \tag{3.4}$$

これより，平均次数 $\langle k \rangle$ が一定だと考えると，平均最短経路長 $\langle d \rangle$ はノード数 N の「対数」に比例することがわかる。つまり，図 **3.4** に示すように，$\langle d \rangle$ は N が大きくなってもそこまで大きく変化しない。

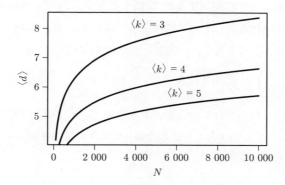

図 3.4 式 (3.4) から求められたノード数 N と
平均最短経路長 $\langle d \rangle$ の関係

そのためこれは，「現実のネットワークは大きくても数ステップで全体に到達することができる」という性質を説明するために用いられる。隣接ノードからさらにそれらの隣接ノードへ，というように順に訪問していけば，友達の数は指数関数的に増えていく（図3.3）ので，短い距離でネットワーク全体のノードを訪問できるというのが，その理由である。

[†] よりよい近似式としては $\langle d \rangle = (\ln N + \gamma_{\mathrm{Euler}})/\ln \langle k \rangle + 1/2$ が知られている[151]。ここで，γ_{Euler} はオイラー定数であり，$0.57721\ldots$ である。

なお, 式 (3.4) は $\langle k \rangle$ を右 (値の大きいほう) から 1 に近づけていくと $\langle d \rangle \to \infty$ になる。これは, ネットワークの連結性と関連する。具体的には, $\langle k \rangle \leqq 1$ である場合, ネットワークは連結でない, つまり到達できない (距離 ∞ で到達可能な) ノードがある[29),30),149)] ためである。

3.1.4 クラスタ係数

ネットワーク局所的な構造を考えるために, あるノードの隣接ノード間のエッジ密度を表すクラスタ係数に注目してみよう。式 (2.11) に基づくと, 隣接ノード間のエッジの本数 L_i に注目すればよい。特に, ノード i が次数 k_i を持つとすると, その隣接ノード間に接続させることができるエッジの最大数は k_i 個のノードからできるペアに相当するので $\binom{k_i}{2}$ となる。Erdős–Rényi のランダムネットワークは任意のノードペアに確率 p でエッジを張るので, ノード i の隣接ノード間のエッジの本数 L_i の期待値は式 (3.5) のようになる。

$$L_i = p \binom{k_i}{2} = p \frac{k_i(k_i - 1)}{2} \tag{3.5}$$

これを式 (2.11) に代入すれば, C_i の期待値を得る。式 (3.5) はどのノード ($i = 1, \ldots, N$) についても成り立つ。そのため, 平均クラスタ係数にも対応する。つまり, 次式のようである。

$$\langle C \rangle = C_i = p$$

この式は, 式 (3.1) を考えれば, 式 (3.6) のようにも書き直せる。

$$\langle C \rangle = \frac{\langle k \rangle}{N - 1} \tag{3.6}$$

3.1.5 現実のネットワークとの比較

さて, Erdős–Rényi のランダムネットワークと現実のネットワークを比較してみよう。式 (3.1) を考えれば $p = \langle k \rangle / (N-1)$ なので, ノード数 N と平均次数 $\langle k \rangle$ からモデルパラメータ p を推定することができる。この推定された p から得られるモデルネットワークと現実のネットワークを比較すればよい。

2.1.5 項でも言及したように，現実のネットワークの分布はべき分布に代表されるような裾の重い分布になる場合が多い。そのため，二項分布あるいはポアソン分布で記述される Erdős–Rényi のランダムネットワークの次数分布は明らかに，現実のネットワークのそれとは異なっている。**図 3.5** では，大腸菌の 3 種類の生体分子ネットワークの次数分布と Erdős–Rényi のランダムネットワークの次数分布を比較している。なお，実線は式 (3.2) から得られている。ノード数 N や平均次数 $\langle k \rangle$ については**表 3.1** を参照してほしい。図 3.5 からもわかるように，Erdős–Rényi モデルは次数の大きいノードである「ハブ」の存在を説明することができていない。例えば，遺伝子制御ネットワークに注目すれば，現実に観測される最大次数は Erdős–Rényi のランダムネットワークから予測されるそれよりも 100 倍程度大きいことがわかる。

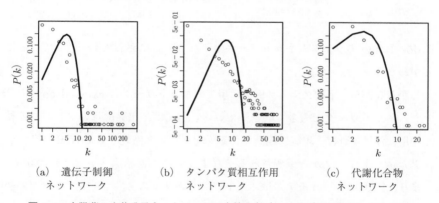

(a) 遺伝子制御　　　　 (b) タンパク質相互作用　　 (c) 代謝化合物
　　ネットワーク　　　　　　ネットワーク　　　　　　ネットワーク

図 3.5　大腸菌の生体分子ネットワークの次数分布（シンボル）と Erdős–Rényi のランダムネットワークの次数分布（実線）の比較

では，平均最短経路長や平均クラスタ係数についてはどうだろうか。表 3.1 に，現実のネットワークと Erdős–Rényi のランダムネットワークにおける平均最短経路長 $\langle d \rangle$ と平均クラスタ係数 $\langle C \rangle$ の比較の一例が示される。ここで，すべてのネットワークは無向ネットワークとして表現されている。$\langle d \rangle_{\mathrm{ER}}$ と $\langle C \rangle_{\mathrm{ER}}$ はそれぞれ式 (3.4) と式 (3.6) から得られる。ノード数 N と平均次数 $\langle k \rangle$ についても示している。この表から，現実のネットワークの平均最短経路長 $\langle d \rangle$ と

表 **3.1**　現実の生物ネットワークと Erdős–Rényi のランダムネットワークの平均最短経路長と平均クラスタ係数の比較

ネットワーク	生物種／種類	N	$\langle k \rangle$	$\langle d \rangle$	$\langle d \rangle_{ER}$	$\langle C \rangle$	$\langle C \rangle_{ER}$
遺伝子制御	大腸菌[39]	1 202	4.66	3.60	4.61	0.26	0.003 9
タンパク質構造[46]	PDB ID：1A6N	151	9.18	4.02	2.26	0.57	0.061
	PDB ID：1BKS	255	10.09	4.41	2.40	0.54	0.040
	PDB ID：2VIK	126	9.78	3.42	2.12	0.56	0.078
タンパク質相互作用	大腸菌[51]	1 673	7.11	4.15	3.78	0.082	0.004 3
	出芽酵母[50]	2 752	6.61	4.90	4.19	0.29	0.002 4
	ヒト[52]	14 619	14.22	3.92	3.61	0.12	0.000 97
代謝化合物[3]	大腸菌	879	2.62	8.87	7.05	0.060	0.003 0
	出芽酵母	670	2.62	9.72	6.75	0.063	0.003 9
	ヒト	1 029	2.53	13.87	7.46	0.065	0.002 5
脳	構造（DTI）[70]	72	15.53	2.07	1.56	0.59	0.22
	機能（fMRI）[66]	66	6.45	2.68	2.25	0.45	0.099
食物網	海洋[83]	249	26.45	1.94	1.68	0.32	0.107
	陸上[82], [86]	44	9.91	1.93	1.65	0.33	0.230

Erdős–Rényi のランダムネットワークのそれ $\langle d \rangle_{ER}$ はおおよそ一致していることがわかる。

　しかしながら，平均クラスタ係数は現実のネットワークと Erdős–Rényi のランダムネットワークで大きく異なっている。例えば，出芽酵母のタンパク質相互作用に注目すれば，現実に観測される平均クラスタ係数は Erdős–Rényi のランダムネットワークから予測されるそれよりも約 130 倍大きいことがわかる。つまり，Erdős–Rényi モデルはネットワークのクラスタ性（隣接ノード間の密な結合）を説明することができていない。

　ここでいくつかのネットワークの特徴について見てきたが，Erdős–Rényi のランダムネットワークは現実のネットワークとは異なっている。ではなぜ，現実のネットワークを反映しない Erdős–Rényi モデルが幅広い分野で用いられてきたのかと不思議に思う読者もいるだろう。一つの理由は，それまでネットワークの実データはほとんど利用不可能であり，現実のネットワークがどのような構造をしているかわからなかったためである。そのため，ランダムネットワークを仮定せざるを得なかったというわけである。もちろん，Erdős–Rényi

モデルが数学的に取り扱いやすかったというのも，広く使われた理由の一つである。また，ランダムネットワークの仮定にはある程度の妥当性があるようにも思われた。多くの要素が複雑に関係すれば，そのネットワークの特徴は平均化されて，ランダムネットワークと区別がつかなくなるだろうと考えることができたからである。

しかしながら，現実のネットワークデータが手に入るようになり，Erdős–Rényi のランダムネットワークが現実のネットワークと異なることがわかってくると，その違いは一つの中心的な課題になっていった。多くの研究者がなかば盲目的に考えていた仮定が成り立っておらず，これまでの理論や数理モデルに再考の必要が生じたからである。

このような背景から，現実のネットワークは Erdős–Rényi のランダムネットワークとどのように「異なるのか」が一つの研究の主題になり，Erdős–Rényi モデルは，現実のネットワークを特徴づけるための一つのコントロールとして用いられるようになったというわけである。

3.2　格子ネットワーク

前節では，Erdős–Rényi モデルがネットワークのクラスタ性を説明できないことを示した。このようなクラスタ性を説明するには**格子ネットワーク**（lattice network）がよく用いられる。これもよく用いられるネットワークモデルであり，また次節の内容とも関連するため，ここで言及する。

3.2.1　格子ネットワークとは

格子ネットワークとは，**図 3.6** に示されるように，ある規則的な結合パターンをある空間（おもに，ユークリッド空間）上に埋め込むことで作成されるネットワーク（グラフ）のことである。しかしながら，結合パターンが規則的であるということは，次数はほぼ同じであることを意味する。そのため，格子ネットワークは Erdős–Rényi モデルと同様に，現実のネットワークで観測されるような裾

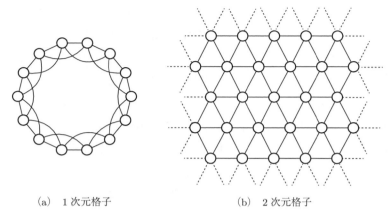

(a)　1次元格子　　　　　　　　　(b)　2次元格子

図 3.6　格子ネットワークの例

の重い次数分布を説明することはできない。それでも，格子ネットワークはすべてのノードが同じ結合パターンを示すため，解析が容易であり（あるいは厳密に解析を行うことができ），理論研究などでよく用いられてきた[21),24),26),30)]。

図 3.6(a) では 1 次元空間上に，図 (b) では 2 次元空間上に埋め込まれた格子ネットワークが示されている。図に示されるように，格子ネットワークでは空間上の制約から隣接するノード間に密な結合がある。このため，ネットワークは疎でありながらも，クラスタ性を持たせることができる。例えば，細胞内で生体分子は局在する場合があり，そのような局在（つまり空間的な制約）からクラスタ性がもたらされる場合がある[152)]。

3.2.2　平均クラスタ係数

実際に，平均クラスタ係数について考えてみよう。格子ネットワークはすべてのノードが同じ結合パターンを示すため，あるノードのクラスタ係数を考えれば，平均クラスタ係数を求めることができる。

図 3.6(a) の例において，すべてのノードは次数 4 を持ち，四つの隣接ノード間には 3 本のエッジがある。そのため，式 (2.11) より，$\langle C \rangle = 0.5$ であることがすぐにわかる。Erdős–Rényi モデルから期待される平均クラスタ係数は，式

(3.6) を考えると，$4/(N-1)$ である。ネットワークが大きい（$N \gg 0$ である）場合，格子ネットワークの平均クラスタ係数は Erdős–Rényi のランダムネットワークのそれよりも顕著に大きいことがわかる。

また，図 3.6(b) の場合，境界付近のノードを無視すれば（あるいは，このネットワークが 2 次元の球面状に埋め込まれており，境界がないならば），すべてのノードは次数 6 を持ち，六つの隣接ノード間には 6 本のエッジがあると考えることができる。そのため，式 (2.11) より，$\langle C \rangle = 0.4$ であることがわかる。先ほどと同様に考えると，Erdős–Rényi モデルから期待される平均クラスタ係数は $6/(N-1)$ であり，この場合についても，格子ネットワークの平均クラスタ係数は Erdős–Rényi のランダムネットワークのそれよりも顕著に大きいことがわかる。

3.2.3　平均最短経路長

では，平均最短経路長についてはどうだろうか。格子ネットワークはすべてのノードが同じ結合パターンを示すため，あるノード i を始点とした場合の最短経路長の平均 $\sum_{j=1}^{N} d_{SP}(i,j)/(N-1)$ を考えれば，全体のネットワークの平均最短経路長を求めることができる。

図 3.6(a) のような 1 次元格子ネットワークの場合，あるノードを始点とする（距離 0 で一つのノードに到達したところから始める）と，距離 1 で四つのノードに到達し，距離 2 でさらに四つのノードに到達するというように，各距離（ただし 1 以上）で四つのノードに到達することがわかる。つまり，d ステップまでに到達するノードの合計は $4d+1$ となる。これはノード数 N として考えることができるので，$N \approx 4d$ とも書ける。また，始点ノードから d ステップまでに到達するノードの最短経路長の合計は $\sum_{s=1}^{d} 4 \times s = 2d(d+1)$ となる。したがって，平均最短経路長 $\langle d \rangle$ は次式のように記述できる。

$$\langle d \rangle \approx \frac{N/4+1}{2} \approx \frac{N}{8}$$

つまり，1 次元格子ネットワークの平均最短経路長はノード数に対して比例し

て増加することがわかる。

図 3.6(b) のような 2 次元格子ネットワークでは，適当なノードを始点にすると，距離 1 で六つのノード，距離 2 で $6 \times 2 = 12$ 個のノード，距離 3 で $6 \times 3 = 18$ 個のノードに到達する。つまり，d ステップまでに到達するノードの合計は $1 + \sum_{s=1}^{d} 6 \times s = 1 + 3d(d+1)$ となる。これはノード数 N として考えることができるので，$N \approx 3d^2$ とも書ける。また，始点ノードから d ステップまでに到達するノードの最短経路長の合計は $\sum_{s=1}^{d} 6 \times s \times s = d(d+1)(2d+1)$ となる。したがって，平均最短経路長 $\langle d \rangle$ は次式のように記述できる。

$$\langle d \rangle \approx \frac{2\sqrt{3}}{9} \sqrt{N}$$

つまり，この 2 次元格子ネットワークの平均最短経路長はノード数 N の平方根に対して比例して増加することがわかる。なお一般に，D 次元格子ネットワークの平均最短経路長は $N^{1/D}$ に比例することが知られている[24), 30)]。

これは，格子ネットワークの平均最短経路長は Erdős–Rényi のランダムネットワークのそれと比較するときわめて大きくなることを示す。式 (3.4) で示したように，Erdős–Rényi のランダムネットワークの平均最短経路長は $\ln N$ のオーダーで増加する一方で，格子ネットワークはそれよりも大きなオーダー（1 次元なら N のオーダー，2 次元なら $\sqrt{N}$ のオーダー）で増加する。図 3.6 で示

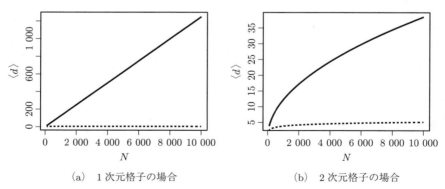

（a）　1 次元格子の場合　　　　（b）　2 次元格子の場合

図 3.7　格子ネットワークのネットワークサイズ N と平均最短経路長 $\langle d \rangle$ の関係

した 1 次元格子ネットワークと 2 次元格子ネットワークのネットワークサイズ N と平均最短経路長 $\langle d \rangle$ の関係を**図 3.7** に示す。図において，破線は同じ平均次数を持つ Erdős–Rényi のランダムネットワークの $\langle d \rangle$（式 (3.4)）を示す。このように，格子ネットワークは現実のネットワークで見られるクラスタ性については説明できても，平均最短経路長が小さいという性質を説明することができない。

3.3 Watts–Strogatz のスモールワールドネットワークモデル

前節で示したように，格子ネットワークの性質を考えれば，クラスタ性を持つネットワークの平均最短経路長は大きくなると予想される。しかしながら，現実のネットワークはクラスタ性を持たない Erdős–Rényi のランダムネットワーク（3.1 節）のように小さい平均最短経路長を示す（表 3.1 を参照）。Erdős–Rényi のランダムネットワークと格子ネットワークの性質を考えると，クラスタ性が大きいことと平均最短経路長が小さいことは相反しているようにも思える。現実のネットワークにおいて，このような相反すると思われる性質が同居していることをどのように説明すればよいのだろうか。

この問に鮮やかに答えたのが，Watts と Strogatz である[142), 146)]。1998 年のことだった。彼らは，高いクラスタ性を示しながらも小さな平均最短経路長を持つようなネットワークを**スモールワールドネットワーク**（small-world network）と呼び，そのようなネットワークを生成するための簡潔なモデルを提案した。二人の名を冠して，**Watts–Strogatz モデル**（Watts–Strogatz model）と呼ばれる。

Watts–Strogatz モデルのネットワークは，図 3.6(a) で示したような 1 次元格子ネットワークのエッジをランダムに「張り替える」ことで生成される。具体的には，すべてのエッジについて，確率 p でそのエッジの端点の片方をランダムに選んだ別のノードと入れ替えることで，エッジを張り替える（**図 3.8**）。つまり，$p = 0$ なら 1 次元格子ネットワークと等しくなる。また，$p = 1$ なら

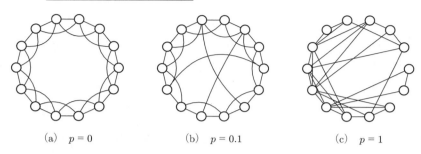

(a)　$p = 0$　　　　(b)　$p = 0.1$　　　　(c)　$p = 1$

図 3.8　Watts–Strogatz モデル

Erdős–Rényi モデルのようなランダムネットワークになる。注目すべきは，p がほどほどのときである。

　Watts と Strogatz はこのほどほどの p のとき，ネットワークは高いクラスタ性と小さい平均最短経路長を同時に満たすことを見いだした。ここで，確率 p のときに得られる平均クラスタ係数と平均最短経路長をそれぞれ $\langle C \rangle_p$ と $\langle d \rangle_p$ とし，p が変化することによって，平均クラスタ係数と平均最短経路長がどのように変化するか見てみよう。図 3.9 に示されるように，$p \approx 0$ なら，平均クラスタ係数は高いが平均最短経路長も大きい。$p \approx 1$ なら，平均最短経路長は小さくなるが，平均クラスタ係数も小さくなってしまう。しかしながら，p が

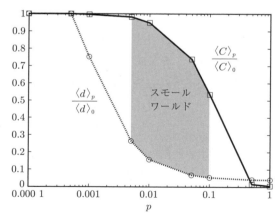

図 3.9　Watts–Strogatz モデルにおける，異なる p に対する平均クラスタ係数 $\langle C \rangle_p$ と平均最短経路長 $\langle d \rangle_p$

ほどほどであるとき（数％のエッジが張り替えられたとき），ネットワークは高いクラスタ性を示しながらも，平均最短経路長が小さくなる（図 3.9 の灰色部分）。単純なシミュレーションだが，高いクラスタ性と小さい平均最短経路長がネットワークに同居することを鮮やかに示している。

なぜ，このようなことが起きるのだろうか。これはつぎのように解釈される。現実のネットワークは，格子ネットワークで説明されるように（空間的あるいは機能的な）制約からクラスタが形成されている。しかしながら，このままではその制約のために平均最短経路長は大きいままである。そこに，エッジの張り替えが行われると，これらのクラスタをつなぐようなショートカットができる。この少数のショートカットがネットワーク全体の平均最短経路長を小さくすることに役立っている。また逆をいえば，現実のネットワークにはこのようなショートカットが存在するということを示唆している。この考え方は，ネットワーク解析，特に中心性解析（第 4 章）や機能地図作成（6.4 節）で重要である。このようなショートカットは異なるクラスタをつないでおり，ネットワーク（システム）において重要な役割を果たしていると考えることができる。そのため，このようなショートカット，あるいはそのショートカットに関わるノードを探索することは重要になる。

なお，Watts–Strogatz モデルの平均クラスタ係数や平均最短経路長の解析解を得ることは難しく，このモデルに基づいて研究を行う場合，数値計算に頼ることが多い。そのため，Watts–Strogatz モデルは，Erdős–Rényi モデルや格子ネットワークなどと比較すると理論研究で用いられることは多くない。ただ，近似解についてはいくつか知られている[†]。詳細については，別の書籍[24),26),30)]や論文[29),153)] を参照してほしい。

また，Watts–Strogatz モデルは Erdős–Rényi モデルや格子ネットワークの

[†] 平均クラスタ係数については，直感的にわかりやすい近似解がある。平均クラスタ係数はエッジの張り替えによって三角形が消失することで減少する。つまり，この三角形を構成する 3 本のエッジすべてが張り替えられない確率を考えればよい。したがって，$\langle C \rangle_p / \langle C \rangle_0 = (1 - p)^3$ となる。単純だが，数値計算の結果ともよく一致することが知られている。

拡張であるため，これらのモデルと同様に，現実のネットワークで観測されるような裾の重い次数分布を説明することはできない。

3.4　Barabási–Albert のスケールフリーネットワークモデルとその改良版

このネットワークにおける裾の重い次数分布（特に，次数のべき分布）を説明するために 1999 年に提案されたのが，**Barabási–Albert モデル**（Barabási–Albert model）である[121]。

じつのところ，このときまでネットワークの次数分布に注目する研究者は少なかった。事実，Watts と Strogatz のスモールワールドネットワーク研究[142]は Barabási らのこの研究よりも前の 1998 年に発表されているが，次数分布については言及していない[†1]。次数分布はきわめて単純な統計的性質であるが，それゆえに本質的である。そのような次数分布の重要性を示したところに Barabási らの先見の明がある[†2]。

3.4.1　Barabási–Albert モデルとそのネットワークの性質

Barabási–Albert モデルはこれまでのネットワークモデルとは異なり，成長という概念が導入されている。ノードが順に追加されていき，ネットワークがしだいに大きくなっていくことを考えている。

これに加えて，**優先接続**（preferential attachment）というメカニズムが導入されている[†3]。ノードが追加されて，既存のネットワークとつながる場合，な

[†1]　Barabási と Albert の 1999 年の研究では，Watts と Strogatz がこの研究で使ったネットワークデータも用いられている。Barabási らの依頼に応じて，Watts がデータを彼らに提供したのである。Watts の後年の書籍[154]では，データを持っていながら裾の重い次数分布を指摘できなかったことを悔やむ記述がある。

[†2]　とはいうものの，この重要性は初めから認識されたわけではなかった。事実，Science 誌からは一度掲載を拒否されている。それがどのようにして Science 誌への掲載に至ったのかについては書籍30), 155) を参照してほしい。

[†3]　Barabási–Albert モデルの元論文[121]では明示的でなかったが，このモデルで考慮される優先接続は 1955 年に発表された Simon モデル[156]の特殊形であることが知られている[30]。

んらかの基準でノードを選ぶ必要がある。このとき，エッジを多く持つノード
が選ばれやすいようにする。具体的には，時刻 t においてノード i が選択され
る確率 $\Pi_i(t)$ を式 (3.7) で記述する。

$$\Pi_i(t) = \frac{k_i(t)}{\sum_{j=1}^{N(t)} k_j(t)} \tag{3.7}$$

ここで，$N(t)$ は時刻 t におけるネットワークのノード数を意味する。また，$k_i(t)$
は時刻 t におけるノード i の次数である。

具体的には，つぎのような手順でネットワークが作成される（**図3.10**）。

1. 適当な初期ネットワークを用意する（図の $t = 0$ の場合）。

2. ノードを一つ追加する。

3. m 個の既存ノードを式 (3.7) の確率で選択し，その追加されたノードと
   つなげる（図の $t \geq 1$ の場合）。

4. ネットワークの大きさが指定した N に到達するまで，手順 2, 3 を繰り返す。

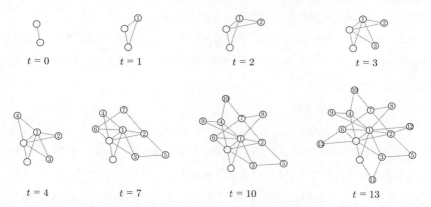

図3.10 Barabási–Albert モデルネットワークの成長過程（$m = 2$ の場合）

図 3.10 に示されるように，追加されたノードはエッジの多いノードを選択
して既存ネットワークとつながることがわかる。このとき，エッジを多く持つ
ノードはさらに多くのエッジを獲得することになる（図において，ノードの番
号は追加された順番を意味する）。そのため，優先接続は「金持ちはより金持ち

に（the rich get richer）」と表される場合もある。そして，この「金持ちはより金持ちに」こそ，次数分布のべき乗則をもたらす。

理論的な解析の詳細については，別の書籍[21), 24), 26), 30)]や論文[29), 157)]を参考にしてほしいが，平均場近似の解析から，Barabási–Albert モデルネットワークの次数分布は次式のようになることが知られている。

$$P(k) = \frac{2m^2}{k^3}$$

ここで，平均次数 $\langle k \rangle = 2m$ となる。

Barabási–Albert モデルは次数分布のべき乗則を説明する先駆的なモデルであることは確かである。しかしながら，現実のネットワークとの比較を考えると，いくつか不都合な点がある。

2.1.5 項で説明したように，次数がべき分布に従っている $P(k) \propto k^{-\gamma}$ として，その指数 γ は 2 から 3 程度である。Barabási–Albert モデルは $\gamma = 3$ のみを示し，そのほかの場合を説明することができない。

また，平均クラスタ係数についても問題がある。近似的な解析[158), 159)]から，Barabási–Albert モデルネットワークの平均クラスタ係数は式 (3.8) のようであることが知られている。

$$\langle C \rangle = \frac{\langle k \rangle}{4} \frac{(\ln N)^2}{N} \tag{3.8}$$

式 (3.6) と比較すると，$(\ln N)^2 / 4$ の効果によって，Erdős–Rényi のランダムネットワークよりは大きな平均クラスタ係数を示すことがわかる（ただし，$N > 7$）。しかしながら，その効果は限定的であり，N が大きい場合は，やはり Erdős–Rényi のランダムネットワークと同じように平均クラスタ係数は小さくなってしまう。例えば，表 3.1 の出芽酵母のタンパク質相互作用ネットワークに注目してみよう。式 (3.8) から予測される平均クラスタ係数は 0.033 であり，Erdős–Rényi モデルから予測される 0.0021 よりは大きいが，実際の値である 0.27 にはほど遠い。

ただ，Barabási–Albert モデルネットワークは，やはり Erdős–Rényi のランダムネットワークと同様に，平均最短経路長が小さいという性質は持ち合わせ

ている。具体的には，平均次数 $\langle k \rangle$ が一定である場合，次式のようになること
が知られている[160]。

$$\langle d \rangle \propto \frac{\ln N}{\ln \ln N}$$

式 (3.4) との比較からわかるように，Barabási–Albert モデルネットワークの
平均最短経路長は Erdős–Rényi のランダムネットワークのそれよりもさらに小
さくなる。これは，次数が極端に高いノード（ハブ）の存在によって，ネット
ワーク全体の距離がより小さくなるからである。

3.4.2 Barabási–Albert モデルの改良版

Barabási–Albert モデルネットワークにおける次数分布やクラスタ性の低さ
に関する問題は，いくつかの拡張を考えることで回避することができる。例え
ば，Klemm と Eguíluz は，ノードが老化などで不活性性化することで新たにエッ
ジを獲得することができないというメカニズムを導入してネットワークにクラス
タ性を持たせることができることを示している[158]。「年齢」という制約によっ
て，同じ年齢の（同じ時期に追加された）ノードどうしがつながりやすくなり，
クラスタが生成されるからである。

また，Dorogovtsev らは，式 (3.7) の優先接続を少し改良したモデルを考え
た[161]。これは，Barrat と Pastor-Satorras によってわかりやすく定式化され
ている[159]。具体的に，彼らは次式で表される改良型の優先接続を考えた。

$$\Pi_i(t) = \frac{k_i(t) + a}{\sum_{j=1}^{N(t)} k_j(t) + a}$$

ここで，a は定数であり，$-m$ から ∞ の範囲をとる。これは初期の魅力度とし
て解釈され，新規ノードが新しいリンクを獲得する程度としてみなされる。こ
のとき，彼らは次数分布が $P(k) \propto k^{-\gamma}$ で $\gamma = 3 + a/m$ となることを示して
いる。特に，$a < 0$ であるとき，$\gamma < 3$ であり，現実のネットワークで観測さ
れる値に近づく。解析解は複雑なので，ここでは省略するが，この場合，ネッ
トワークは比較的高いクラスタ性を持つことも示されている[159]。$a < 0$ であ

る場合，新規ノードの接続先は，古い（すでにある程度のエッジを獲得している）ノードになる傾向が強くなる。この制約のため，クラスタが形成される。また，より小さい γ はより裾が広い分布を意味しており，より大きな次数を持つノードが存在することを示す。このノードの存在により，ネットワークはさらに小さな平均最短経路長を持つ。具体的に，平均次数が一定ならば，$\langle d \rangle \propto \ln \ln N$ で表されることが知られている[160]。

3.4.3　優先接続の検証

Barabási–Albert モデルは，実際のネットワークにおいて優先接続メカニズムが存在すると予想する。では，優先接続メカニズムは実際の生物ネットワークで本当に働いているのだろうか。

これは，異なる時刻 t_0 と t_1 で観測されたネットワークの次数を比較すれば検証することができる[30],[162]。具体的には，時刻 t_0 と t_1 で観測されたネットワークにおけるノードの次数をそれぞれ $k(t_0)$ と $k(t_1)$ とし，二つのネットワークで共通するノードについてその差分 $\Delta_k = k(t_1) - k(t_0)$ を計算する。

このとき，$\Delta_k \propto k(t_0)$ と比例関係を示せば，優先接続があるといえる。一方，Δ_k が $k(t_0)$ によらず一定であるなら，ランダム接続であると考えられる。

生物ネットワークにおいて，異なる時刻のネットワークを得ることは難しいが，進化解析を用いることで過去のネットワークを再構築することができる[163]。それらのネットワークを比較することで，優先接続を検証できる。

やや荒い解析ではあるが，遺伝子の保存度（その遺伝子がどれだけ幅広い種で共有されているか）を用いるアプローチが考えられる。保存度の高い遺伝子は進化的に古く，保存度の低い遺伝子は比較的最近になって獲得されたと考えることができるからだ。実際に，このアプローチを用いて，タンパク質相互作用ネットワークの優先接続が調査されている[164]。具体的には，保存度に従ってタンパク質をコードする遺伝子をいくつかに分類することで過去のネットワークを再構築し，それらのネットワークの比較から，$\Delta_k \propto k(t_0)$ となることを確認している。

このアプローチは代謝ネットワークに対しても使うことができる。代謝反応は酵素（タンパク質）が関わっているためである。実際にこのアプローチで，代謝反応ネットワークにおいても $\Delta_k \propto k(t_0)$ となることが確認されている[165]。

また，Tanaka ら[166] は，現在観測される代謝ネットワークから，最大節約法に基づく進化シナリオ（遺伝子の獲得や損失）の推定[167]によって過去の代謝ネットワークを再構成し，それらを比較することで $\Delta_k \propto k(t_0)$ となることを見いだしている。

これらの結果は，生物ネットワークにおいて優先接続が働いていることを示唆している。

3.4.4 優先接続の解釈

優先接続は次数分布のべき乗則（裾の重い次数分布）を説明する上で確かに重要だが，「多くのエッジを多く持つノードが選択されやすくなるので次数が極端に高いノードが出現する」という説明は，単なる言い換えではないのか，と思う読者もいるだろう。気になるのは，優先接続が実際どのようなメカニズムに対応しているのか，という点だろう。

例えば，最適化原理（例えば，平均最短経路長の最小化）の結果として優先接続が働くという説明[168] がある。これは，中央代謝の化学反応経路が最小の反応ステップになるように最適化されている可能性[169]などを考えると妥当性があると考えられるが，ネットワーク全体においてそのような大域的な最適化が働いているかどうかを検証するのは難しいことや，この最適化原理に対するいくつかの批判[170]〜[172] があることなどから，議論が遅れている。そのため，以下に示すように，優先接続は自然なプロセスの結果としてもたらされるとする説明のほうが近年一般的になってきている。ただ，これは局所的な最適化の一種だという考え方もある[168]。

（ 1 ）　**友達の友達と友達になる**　　優先接続に対応する代表的なメカニズム

は「友達の友達と友達になる[173]†」である（図 **3.11**(a)）。例えば，あるネット
ワークにあるノード（図 (a) の黒色ノード）が新規に参入し，既存ネットワーク
からノードをランダムに選択して（図 (a) のノード i）つながるとする。これだ
けだと，もちろん裾の重い次数分布は出現しない。次数は指数分布に従う[121]。
しかしながら，新規ノードは，接続先のノードの隣接ノードとも（機能的な類
似性などを通して）つながる場合があるだろう。具体的に，この新規ノードは，
隣接ノードからランダムに選ばれた一つのノード（図 (a) のノード j）とつなが
ることを考える。

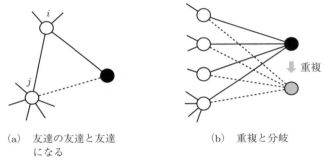

(a)　友達の友達と友達
　　になる

(b)　重複と分岐

図 **3.11**　優先接続に対応するメカニズムの例

　このとき，この隣接ノード j には優先接続が働く。これは条件付き確率に関
する（ベイズの）定理を用いて，$P(j) = P(j|i)P(i)/P(i|j)$ を考えればすぐに
わかる。新規ノードの接続先としてノード i が選択された場合に，ノード j が
接続先として選択される確率は $P(j|i) = 1/k_i$ である。もちろん逆の場合は，
$P(i|j) = 1/k_j$ となる。ここで，ノード i が選択される確率は $P(i) = 1/N$ であ
るので，$P(j) = k_j/[Nk_i]$ となる。また，ノード i はランダムに選択されてい

---

†　論文 173) ではより一般的に，一連のランダムウォークを考えて，数ステップ先のノード
　　（友達）ともつながることを考えているが，ここでは簡単のために，1 ステップ先の場合
　　のみを考える。ただ，2 ステップ以上先のノードに対しても以下の議論は成り立ち，結果
　　としてそのノードにも優先接続が働く。なお，このランダムウォークモデルはリンクの
　　ランダムな選択が優先接続に対応することを示した Dorogovtsev–Mendes–Samukhin
　　モデル[174] とも関連する。

るので，k_i は平均次数 $\langle k \rangle$ とみなすことができる。つまり，$P(j) = k_j / [N\langle k \rangle]$ $= k_j / \sum_h k_h$ となり，ノード j が選択される確率は，式 (3.7) で表される優先接続と同じ意味になる。自分の友達が新たに友達を獲得した場合に，自分とも友達になってくれるのならば，より多くの友達を持っているほうがさらに多くの友達を獲得できるというわけである。また，このとき，三角形が構成されていることも注目してほしい。隣接関係という制約によってネットワークにクラスタ性をもたらすことができる。

（２） **重複と分岐**　より生物学に即した例で考えると，このようなメカニズムは遺伝子の重複と分岐にも対応する。これは，タンパク質相互作用ネットワークの例[175),176)] でよく考えられている。

タンパク質をコードする遺伝子は，複製のミスなどでその遺伝子を含む DNA の領域が重複し，コピーができる。これは，**遺伝子重複**（gene duplication）と呼ばれ，進化の駆動力であると考えられている[177)]。タンパク質相互作用ネットワークで考えれば，ノードが一つ増えることに対応する（図 3.11(b)）。このとき，重複された遺伝子（図 (b) の黒色ノード）と重複遺伝子（重複して新たに獲得された遺伝子；図 (b) の灰色ノード）は機能的に類似しているため，共通のタンパク質と相互作用することになるだろう。遺伝子重複の後，重複遺伝子は選択圧から解放されるため，その機能が元の遺伝子のそれとは分岐し，結果として，すべてのタンパク質を共有するわけではないが，このとき，相互作用されるタンパク質（図 (b) の白色ノード）には優先接続が働くことになる。相互作用するタンパク質が多ければ，それらのタンパク質をコードする遺伝子が重複され，相互作用を獲得する機会がさらに多くなるからである。これは前述の「友達の友達と友達になる」と類似している。

なお，タンパク質相互作用ネットワークにおけるこの重複–分岐メカニズムには妥当性がある。このモデルは，最近になって重複された遺伝子ペア（分岐年代の新しい重複ペア）は，昔に重複された遺伝子ペアよりも，多くの隣接ノードを共有する，と予測する。この予測は，出芽酵母[178)] とヒト[179)] のタンパク

質相互作用ネットワークで実際に確認されている。

この重複–分岐メカニズムはほかの生物ネットワークにも応用することができる。遺伝子重複を通して，ノードの数が増え，相互作用（エッジ）が継承されるという考え方は共通だからである。事実，遺伝子制御ネットワーク[180]，代謝ネットワーク[144]，生物種–代謝物関係ネットワーク[181] などのネットワーク特徴（特に，裾の重い次数分布）を説明する際に，この重複–分岐メカニズムが用いられている。

3.5　Chung–Lu モデル

前節で説明した Barabási–Albert モデルは確かに先駆的であるが，ネットワーク解析の側面から考えるとやや使いづらい。前述のように，現実のネットワークに即していないことに加え，次数分布が（m 未満の次数はないなど）人工的であり，エッジ数を任意に設定することができない。むしろ Erdős–Rényi モデルのように，ノード数が固定されており，あるルールに従ってノードペア間にエッジを張るような，成長しないネットワークモデルのほうがモデルとして都合がよい。

このような成長しないネットワークモデルはさまざまあるが，代表的なものとして **Chung–Lu モデル**（Chung–Lu model）[182] が挙げられる。このモデルはノード数 N でエッジ数 L であるようなスケールフリーネットワークをつぎに示す手順で生成する。

1. ノード i に重み $w_i = (i + i_0 - 1)^{-\xi}$ を割り振る。ここで，ξ は定数であり，0 以上 1 未満の範囲をとる。また，i はノードのインデックスを示す（$i = 1, \ldots, N$）。i_0 は有限サイズ補正のため（最大次数が大きくなりすぎないよう）に導入されている[183]†。

2. ランダムにノードペア（ここで i と j とする）を選択し，そのノード i と

---

†　$0.5 \leqq \xi < 1$ の場合，i_0 は最大次数が $\sqrt{\langle k \rangle N}$ 以下を満たすように設定される。これは，次数相関を持たない（無相関な）ネットワークを作成するためである[184]。$0 \leqq \xi < 0.5$ の場合は $i_0 = 1$ と設定される。なお，$i_0 = 1$ の場合，Chung–Lu モデルは Goh–Kahng–Kim モデル[185] と等しくなる。

j を次式で表される確率で隣接させる。

$$\frac{w_i w_j}{\sum_{h=1}^{N} w_h}, \qquad \text{ただし } \max_i w_i^2 < \sum_{h=1}^{N} w_h$$

3. 目的のエッジ数 L を満たすまで手順 2 を繰り返す。

Chung–Lu モデルのネットワークの次数分布は近似的に $P(k) \propto k^{-\gamma}$ であり，$\gamma = 1 + 1/\xi$ になることが知られている[182),183)]。このように，このモデルは，γ を調整することができるという利点を持つ。

平均クラスタ係数や平均最短経路長については，次節の「コンフィギュレーションモデル」で示される式 (3.9)，(3.10) で記述される。

3.6 コンフィギュレーションモデル

本章の冒頭で，ネットワークモデルは，現実のネットワークにおける意味のある性質を評価するための「基準」として用いられることを述べた。これについては 3.8 節で例を交えながら紹介する。

ここまでに紹介してきたネットワークモデルは，理論的な研究やベンチマークとして用いる場合には都合がよいが，ネットワーク解析を考える上では問題になる場合がある。次数分布を厳密に制御できないからである。次数分布はさまざまなネットワークの性質に影響を与えている。そのため，次数分布を制御することは，ネットワークモデルを基準として用いる場合に，特に重要になる。

例えば，平均クラスタ係数や平均最短経路長といったネットワーク指標を考えてみよう。任意の次数分布を考えた場合，平均クラスタ係数 $\langle C \rangle$ に関しては式 (3.9) のような近似解が知られている[186)]。

$$\langle C \rangle = \frac{\left(\langle k^2 \rangle - \langle k \rangle \right)^2}{\langle k^3 \rangle N} \tag{3.9}$$

また，平均最短経路長 $\langle d \rangle$ に関しては式 (3.10) のような近似解が知られている[151)]。

$$\langle d \rangle = \frac{\ln(\langle k^2 \rangle - \langle k \rangle) - 2\langle \ln k \rangle + \ln N - \gamma_{\text{Euler}}}{\ln(\langle k^2 \rangle / \langle k \rangle - 1)} + \frac{1}{2} \tag{3.10}$$

ここで，γ_{Euler} はオイラー定数であり，$0.577\,21\ldots$ である。

　式 (3.9) と式 (3.10) から，確かに次数分布がこれらのネットワーク指標に影響を与えることがわかる。特に，現実のネットワークのように次数が裾の重い分布に従う場合，次数分布の違いが次数の 2 乗平均 $\langle k^2 \rangle$ や 3 乗平均 $\langle k^3 \rangle$ に大きな影響を与える。このように次数分布がモデルネットワークと現実のネットワークで一致しない場合，現実のネットワークで観測されるある指標がモデルネットワークのそれと比較して，大きいのか（あるいは小さい）のかを評価することはできない。単に次数分布が一致していないから大きく（あるいは小さく）なっているのか，それとも，その指標が本当にモデルネットワークのそれと比較して大きい（あるいは小さい）のかを区別して議論することができないからである。

　任意の次数分布からランダムネットワークを生成する場合には，**コンフィギュレーションモデル**（configuration model）がよく用いられる。このモデルの歴史は古く，グラフ理論においては 1970 年ごろから考えられている[187),188)]。ただ，Molloy と Reed の 1995 年の論文[189)] の文脈でよく知られているので，**Molloy–Reed モデル**（Molloy–Reed model）と呼ばれる場合もある。

　具体的に，コンフィギュレーションモデルはつぎに示される手順に従って生成される（**図 3.12**）。

1.　任意の次数分布に従って「**切り株**（stub）」を用意する。具体的には，次

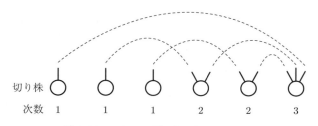

図 3.12　コンフィギュレーションモデル

数 k を持つノードを N_k 個用意する（$k = 0, \ldots, k_{max}$）。このとき，ノードの次数の合計は偶数であるとする。

2. 端点が一つしかないエッジをランダムに二つ選んで，それらをつなぐことでノード間にエッジを張る。

3. すべてのエッジが端点を二つ持つまで手順 1，2 を繰り返す。

なお，このネットワークにおいて，任意のノードペア（ここでノード i と j）の間に張られるエッジの本数の期待値は $2L \times k_i/[2L] \times k_j/[2L] = k_i k_j/[2L]$ である。次数を「重み」だと考えると，コンフィギュレーションモデルは Chung–Lu モデルと同様に，二つのノードの重みの積に比例した確率で，それらのノードにエッジを接続させていることがわかる。

ただ，上記の手順だけでは，自己ループや多重エッジが生成される場合がある。また，ネットワークの連結性も保証されない。自己ループや多重エッジの生成を避けたり，ネットワークの連結性を保証しながら，偏りなくランダムネットワークを生成するためには手順に工夫が必要である。これに関しては，効率的なアルゴリズム[190]が提案されているので，目的に応じてそれを用いることができる。

3.7　ランダム化ネットワーク

　任意の次数分布を持つランダムネットワークを生成する場合には，**ランダム化ネットワーク**（randomized network）[191]を考えることもできる。ネットワーク解析，特に次節で示すような，ネットワーク指標の統計的有意性評価においてはよく用いられている。アルゴリズムがわかりやすくて，実装しやすく，汎用性が高い利点を持つため，多くの研究で用いられている。

　ランダム化ネットワークは，エッジ交換アルゴリズムを用いて，実際のネットワークをランダム化することによって生成される（**図 3.13**）。具体的には，つぎに示されるような手順でネットワークをランダム化する。

1. 実際のネットワークから，まだ交換されていないエッジをランダムに 2

図 3.13 エッジ交換アルゴリズムによるランダム化ネットワークの生成

本選択する。

2. それぞれのエッジから端点をランダムに選択する（図 3.13 の場合は，ノード 3 と 4）。

3. 交換の結果，自己ループや多重エッジが生じないならば，それらの端点を交換する。

4. 交換されていないエッジがなくなる（あるいはその数が変わらなくなる）まで，手順 2, 3 を繰り返す。

このとき，交換した後に自己ループや多重エッジが生じないようにエッジを交換するので，各ノードの次数は変化しない。ただし，ネットワークの連結性が保証されていないことに注意が必要である。連結性を保証したい場合は，別のアルゴリズム[190] を考える必要がある。

また，このアルゴリズムの場合，上記のような制約を満たすことが原因で，ネットワークのランダム化に偏りが生じる場合がある。これが決定的な問題になるかどうかは目的や状況（なにをもってランダムネットワークとするか）に依存するが，エッジの交換に調整を加えることで，この偏りを避けることができる[192], [193]。具体的には，エッジの交換によるネットワークの状態遷移をマルコフ連鎖で定式化し，定常状態が一様分布になるようにエッジの交換確率を調整するという方法である。

3.8 ネットワーク指標の統計的有意性評価

ネットワークモデルは，現実のネットワークで観測される指標などの有意性

を評価するための「基準」として用いられる場合がある。3.6 節でも述べたように，次数分布はさまざまなネットワークの性質に影響する。ここでは，平均クラスタ係数を例にして，現実のネットワークにおけるこれらの指標の統計的有意性を評価する。

3.8.1 Z 検定に基づく評価

ネットワーク指標の統計的有意性評価はおもに **Z 検定**（Z-test）に基づいて行われる[22]。Z 検定は，観測された値（より一般には標本平均）が，正規分布に従う母集団に対する平均と比較して統計的に有意に異なるかどうかを検定する。ここで，観測された値は実際のネットワークから得られた指標として考える。また，母集団はランダムネットワークから得られる指標の分布として考える。つまり，実際のネットワークから得られた指標がランダムネットワークから得られるそれと比較して有意に異なるかを評価する。ただ，母集団分布（帰無分布）を解析的に求めることは難しい。そこで，ランダムネットワークの集団を生成し，それらの指標の平均と標準偏差を用いて近似的な母集団分布を考える。

特に，ある指標 X の観測された値に対する **Z スコア**（Z-score）を考える。この Z スコア（Z_X）は次式のように記述される。

$$Z_X = \frac{X_{\text{real}} - \bar{X}_{\text{null}}}{\sigma_{X_{\text{null}}}}$$

ここで，X_{real} は現実のネットワークで観測された指標 X の値である。$\bar{X}_{\text{null}}$ と $\sigma_{X_{\text{null}}}$ は，ランダムネットワークの集団から得られた指標 X の平均と標準偏差にそれぞれ対応する。

Z_X は統計的有意性を示す効果量である。具体的に，$Z_X \approx 0$ ならば，観測された指標 X の値はランダムネットワークから得られるそれとほぼ同じなので，有意性があるとは言いがたいだろう。逆に，$|Z_X| \gg 0$ ならば，有意に異なる（大きい，あるいは小さい）と主張できるだろう。もちろん，このような統計的有意性の尺度としては **p 値**（p-value）が便利である。Z_X は標準（平均 0 で分散 1 の）正規分布で表された帰無分布における X の値に対する横軸の値を表す

ので，Z_X から標準正規分布の累積分布 $\Phi(x)$ に基づいて，p 値を知ることができる。具体的には，式 (3.11) のようにして求めることができる。

$$
p\,\text{値} = \begin{cases} 1 - \Phi(Z_X) & (\text{上側検定の場合}) \\ \Phi(Z_X) & (\text{下側検定の場合}) \\ 2 \times \Phi(-|Z_X|) & (\text{両側検定の場合}) \end{cases} \tag{3.11}
$$

ここで，上側検定とは，帰無仮説が $X_{\text{real}} \leqq \bar{X}_{\text{null}}$ であり，対立仮説が $X_{\text{real}} > \bar{X}_{\text{null}}$ である。下側検定とは，帰無仮説が $X_{\text{real}} \geqq \bar{X}_{\text{null}}$ であり，対立仮説が $X_{\text{real}} < \bar{X}_{\text{null}}$ である。両側検定とは，帰無仮説が $X_{\text{real}} = \bar{X}_{\text{null}}$ であり，対立仮説が $X_{\text{real}} \neq \bar{X}_{\text{null}}$ である。例えば，両側検定の場合，$|Z_X| > 2$ は p 値が 0.05 未満であることを意味する。

　実際に，このアプローチに基づいて，大腸菌のタンパク質相互作用ネットワーク（表 3.1 も参照）の平均クラスタ係数の統計的有意性評価を行ってみる。ここで，このネットワークの次数分布に基づき，コンフィギュレーションモデルを使って 300 個のランダムネットワークを作成している[†]。もちろん，ここでコンフィギュレーションモデルの代わりに，ランダム化ネットワークを使ってもよい。

　図 3.14 には，このランダムネットワークから得られた平均クラスタ係数の頻度分布（帰無分布）が示されている。その分布は正規分布にほぼ従っていることがわかる。また，実際のネットワークで観測された平均クラスタ係数（0.082）が矢印で示されている。図からもわかるように，実際のネットワークで観測された平均クラスタ係数はランダムネットワークから得られたそれの平均（0.051）よりもずっと大きいことがわかる。事実，Z スコア（10.8）に基づいて両側検定を行うと，p 値はおよそ 3.4×10^{-27} である。実際のネットワークで観測された平均クラスタ係数の大きさは統計的に有意であるといえるだろう。

　ネットワーク指標の統計的有意性の検定はネットワークモチーフ（network

[†]　ここでは簡単のためにランダムネットワークの数は小さく設定している。実際の研究では，1 000〜5 000 程度に設定されることが多い。

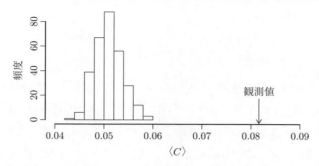

図 3.14 ランダムネットワーク（コンフィギュレーションモデル）の平均クラスタ係数の頻度分布

motif）の同定にも応用されている。ネットワークモチーフとは，あるネットワークにおいて統計的有意に多く観測される部分ネットワークであり，意図的に設計された重要なネットワークの基本的な構成要素であると考えられている[16),194)~196)]。遺伝子制御ネットワークや代謝ネットワークでは環境などの外部からのシグナルに応じて，それぞれの遺伝子の発現量や化合物の濃度を制御するためのさまざまな機構（例えば，フィードフォワード制御）が用意されており，これがネットワークモチーフに対応する。

3.8.2 経験的 p 値に基づく評価

Z 検定はランダムネットワークから得られた指標が正規分布であることを仮定している。図 3.14 に示されるように，その指標は正規分布で近似できる場合がほとんどである。しかしながら，指標のとりうる範囲や，コンフィギュレーションモデルやエッジ交換アルゴリズムにおけるランダム化の偏り[192),193)] などの原因で，正規分布に従わない場合がまれにある。このような場合，Z 検定から推定された p 値は過大（あるいは過小）評価されるという問題が生じる。

このような問題を避けるためには，**経験的 p 値**（empirical p-value）[197)] が役に立つ。これは，図 3.14 で示されるような，n_{null} 個のランダムネットワークから得られた指標の分布（帰無分布）を直接使って p 値を算出するというアプローチである。具体的に，上側検定に対する経験的 p 値（$\hat{p}^*_{\text{upper}}$）は式 (3.12)

のようにして計算される。

$$\hat{p}_{\text{upper}}^* = \frac{1}{n_{\text{null}}} \sum_{h=1}^{n_{\text{null}}} \mathbb{I}\left[X_{\text{real}} > X_{\text{null}}^{(h)}\right] \tag{3.12}$$

ここで，$\mathbb{I}(condition)$ は条件 $condition$ が真なら 1，そうでないなら 0 を返す関数である。$X_{\text{null}}^{(h)}$ は h 番目のランダムネットワークから得られた指標 X の値である。つまり，X_{real} が分布の上側に位置する（つまり，$X_{\text{null}}^{(h)}$ と比べて X_{real} が大きい）場合を考える。しかしながら，X_{real} が分布の下側に位置する場合も考えられる。もし，そのような下側検定に対する p 値（$\hat{p}_{\text{lower}}^*$）を考える場合は，式 (3.12) の不等号を反転させればよい。

また，分布の両側について考えたいのであれば，**等裾<ruby>経験的<rt>とうきょ</rt></ruby> p 値**（equal-tail empirical p-value）[198] が役に立つ。これは，上側検定に対する p 値と下側検定に対する p 値に基づいて次式のように計算される。

$$\hat{p}_{\text{et}}^* = 2\min\left(\hat{p}_{\text{upper}}^*, \hat{p}_{\text{lower}}^*\right)$$

ただし，$X_{\text{real}} = X_{\text{null}}^{(h)}$ である場合を取りこぼさないようにするため，$\hat{p}_{\text{upper}}^*$（あるいは $\hat{p}_{\text{lower}}^*$）を計算する際には，不等号を等号付き不等号に置き換える必要がある。

経験的 p 値は，統計量の順位に注目することで，指標の分布の形に依存することなく p 値を経験的に求めることができる。しかしながら，より確からしい p 値を計算するためには膨大な数のランダムネットワークを生成する必要があり，計算コストが高いという問題は残される。一方，Z 検定に基づく手法は，比較的少ない数のランダムネットワークでも統計的有意性評価を行うことができる。

3.8.3 比に基づく評価

より単純に，比を用いて評価する場合もある。具体的には，$X_{\text{real}}/\bar{X}_{\text{null}} > 1$ なら，X は意味のある指標だとする考え方である。この考え方を用いた代表的な指標として**スモールワールド性指標**（small-world-ness）[199] があるのでここで紹介する。

3.3節で述べたように，高いクラスタ性を示しながらも小さな平均最短経路長を持つようなネットワークは，スモールワールドネットワークと呼ばれる。もちろん，平均クラスタ係数や平均最短経路長は次数分布に影響されるため，同じ次数分布を持つランダムネットワークと比較してそれらの大きさを評価する必要がある。このとき，平均クラスタ係数の大きさの有意性の度合いを $\gamma_g^{\Delta} = \langle C \rangle_{\mathrm{real}} / \langle \bar{C} \rangle_{\mathrm{null}}$ として表す。また，平均最短経路長の大きさの有意性の度合いを $\lambda_g = \langle d \rangle_{\mathrm{real}} / \langle \bar{d} \rangle_{\mathrm{null}}$ として表す。

有意に高い平均クラスタ係数を示し，ランダムネットワークと同程度の平均最短経路長を示すネットワークがスモールワールドネットワークであるので，スモールワールド性は次式のように表せるだろう。

$$SW^{\Delta} = \frac{\gamma_g^{\Delta}}{\lambda_g}$$

この SW^{Δ} をスモールワールド性指標と呼び，$SW^{\Delta} > 1$ であるなら，スモールワールドネットワークであるとされる。例えば，3.8.1項でも題材にした大腸菌のタンパク質相互作用ネットワーク（表3.1も参照）について調べてみると，$SW^{\Delta} = 1.36$ であり，このネットワークはスモールワールド性を有していることがわかる。

スモールワールド性指標は，単純ではあるが有用である。例えば，アルツハイマー病患者の脳機能ネットワークのスモールワールド性指標は，健康な人のそれよりも小さくなることが知られている[64],[200]。これは，アルツハイマー病によって脳機能ネットワークがランダム化されることを示唆するとともに，このスモールワールド性指標がアルツハイマー病の診断の目安になる可能性を示している。

3.8.4 ランダムネットワークとの比較の妥当性

ネットワーク指標の重要性（統計的有意性）の評価は，以上のように「ランダムネットワークとの比較」を通して行われる。したがって，その重要性はランダムネットワーク（つまりどのような帰無仮説を用いたか）によって決まる。

しかしながら，ランダムネットワークは，その重要性を議論する上で本当に適切な帰無仮説なのだろうか。

　例えば，ある種のネットワーク（例えば，脳ネットワーク）においては，それぞれのノードの空間的な配置が決まっており，それらノードのつながりには幾何的な制約がある。近くにあるノードどうしはつながりやすいが，遠くにあるノードどうしはつながりにくいという制約である。しかしながら，ランダムネットワーク（もしくはランダム化ネットワーク）においてノードどうしはランダムにつながっているため，このような幾何的な制約は無視されている。このような場合，幾何的な制約から自然に獲得されるクラスタ性を過大評価する可能性がある。事実，ある種のネットワーク指標（ネットワークモチーフ）についてこのような過大評価がなされているという指摘がある[201]。

　ネットワーク表現（どのようにネットワークとして定義するか）によって，ネットワーク指標の統計的有意性が過大評価あるいは過小評価される場合もある。例えば，代謝ネットワークである。1.3.4 項でも説明したように，代謝ネットワークは化学反応式に基づいて定義される。化学反応式をネットワークとして表現するためにはルール（制約）が必要である。このようなルール（制約）がネットワークに特定の構造をもたらす場合があり，ネットワーク指標に対する統計的有意性の過大・過小評価につながるという指摘がある[202]。

　このように，ランダムネットワーク（もしくはランダム化ネットワーク）を比較として用いる場合，現実のネットワークにおける制約を適切に考慮することが重要である。ただ，なにが適切な制約なのかは問題設定に強く依存する。先の例で考えれば，幾何的な制約を前提とするのか，もしくは重要な特徴としてみなすのか，によって異なるランダムネットワーク（帰無仮説）を考える必要がある。安直なランダムネットワークの利用は，誤った結論を導きかねない。研究目的に合った適切なランダムネットワーク（帰無仮説）を用いる必要がある。

4 中 心 性 解 析

bioinformatics

　中心性解析とは，ネットワーク構造から算出される指標（構造的中心性指標）に基づいてノードを順位づけることであり，中心的な（重要そうな）ノードを特徴づけたり，探索したりする際に用いられる。本章では，生物ネットワーク解析でよく用いられるさまざまな構造的中心性指標について適用事例とともに説明する。

4.1　中心性解析とは

　中心性解析（centrality analysis）の歴史は古く，社会ネットワーク分析の文脈で語られてきた[23),203)]。具体的に，ある人（ノード）の特徴は「その人が社会ネットワークのどこに位置するか」と関連すると考えられる。例えば，リーダーシップを持つ人はネットワークの中心に位置するだろう。そのため，中心性を特徴づけるためのさまざまな指標（構造的中心性指標；以下では中心性指標とする）が提案され，人間関係ネットワークにおける重要な人物との関連が調査されてきた。

　生物ネットワークにおいても，生体分子（ノード）の特徴と中心性指標の間には関連があると考えることができる。そのため，これらの中心性指標は生物ネットワーク解析でも役に立つ。事実，これまでの研究からその関連性が明らかにされ，重要な生体分子の推定などに応用されている。例えば，遺伝子制御ネットワークやタンパク質相互作用ネットワークから，必須遺伝子や薬剤標的タンパク質などの候補を見つけるために用いられている。

　以下で紹介する中心性指標の比較を**図 4.1** にまとめている。なお，図におい
てノードの大きさは中心性指標の相対値（中心性指標をその最大値で割った値）
を意味する。

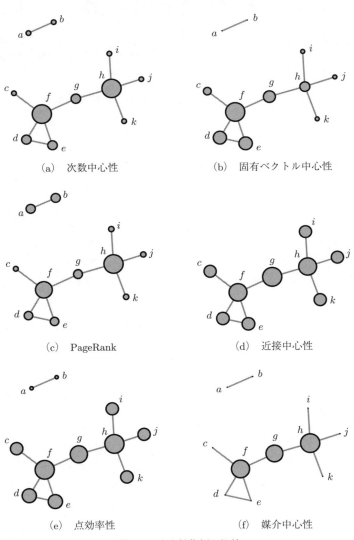

（a）　次数中心性　　　　　　　　　（b）　固有ベクトル中心性

（c）　PageRank　　　　　　　　　　（d）　近接中心性

（e）　点効率性　　　　　　　　　　（f）　媒介中心性

図 4.1　中心性指標の比較

4.2　次 数 中 心 性

　次数中心性（degree centrality）は最も単純な中心性で，「多くの相手と相互作用する（高い次数の）ノード，つまりハブの重要性は高い」と考える（図 4.1(a)）。具体的にノード i の次数中心性 $\theta_{\deg}(i)$ は，そのノードの次数 k_i を用いて，次式のように定義される。

$$\theta_{\deg}(i) = \sum_{j=1}^{N} A_{ij} = k_i$$

別の書籍や論文においては，全ノード数 N を用いて，$\theta_{\deg}(i) = k_i/(N-1)$ と標準化される場合もあるが，本質的な違いはない。

　重み付きネットワークにおいては，重み付き次数（強度）s_i が代わりに使われる。有向ネットワークにおいては，出次数 k_i^{out} や入次数 k_i^{in} が代わりに使われる。

　次数中心性はきわめて簡単に計算することができる。そのため，よく用いられている中心性指標である。また，多くの研究から，生物学的な知見とも一致することが示されている。

　例えば，代謝化合物ネットワークにおいて，次数中心性の高いノードはアデノシン三リン酸（ATP），ピルビン酸，アセチル CoA などであることが知られている。確かに，この結果は，代謝におけるこれらの分子の重要性と一致している[60]。

　タンパク質相互作用ネットワークにおいて，タンパク質の次数中心性は，ある種の重要性である，生存に対する**必須性**（essentiality）と関連することが知られている。具体的に，次数中心性の高い（ハブ）タンパク質には必須タンパク質が多いことが知られている[133]。ただ，ハブタンパク質は必ずしも必須タンパク質ではないことに注意してほしい。なぜなら，重要性にはさまざまな意味があるからだ。

　例えば，タンパク質相互作用ネットワークにおいて，タンパク質の次数中心

性は，そのタンパク質の塩基置換速度（アミノ酸座位当りの塩基置換数）と負の相関を持つことも知られている[204]。つまり，相互作用相手が多いタンパク質の進化速度は比較的遅い。この負の相関は必須でないタンパク質に限ったとしても観測されるため，必須性だけでは説明できない。タンパク質はほかの複数のタンパク質と複合体を形成することで，ある機能を実現する。そのため，多くの相互作用相手を持つタンパク質は，相互作用に重要な部位を維持する必要があるため，進化速度が遅くなると考えられている。

さらに，薬剤標的タンパク質もまた，タンパク質相互作用ネットワークにおいて全体のタンパク質と比較すると，次数中心性が高いことが知られている[112), 118]。ただし，薬剤標的タンパク質に含まれる必須タンパク質は少ないため，この関係性は必須性と次数中心性の関係からは独立していると考えられる。また，薬剤標的タンパク質の次数中心性はそこまで高くなく，中程度であることが知られている[205]。これは，薬剤のターゲット戦略によると考えられる。ハブタンパク質をターゲットにしてしまうと生命システムに重大な影響を及ぼしてしまう（例えば，副作用を引き起こす）可能性がある。その問題を避けるために，中程度の影響度を持つタンパク質をターゲットにしてきたと考えられる。

脳ネットワークにおいては，次数中心性の高い（ハブ）脳領域がアルツハイマー病と深く関連していることが知られている[206]。具体的には，ハブにおける神経活動は極端に活発であり，そのような過剰な局所神経活動が，アルツハイマー病を引き起こすと考えられるアミロイドの沈着を加速させていることが見いだされている。このような知見は，アルツハイマー病の早期発見に役立つと考えられる。

上記のように，次数中心性（あるいは単に次数）は有用ではあるが，「ハブは重要」という考え方はいささか乱暴であると考える読者もいるだろう。以下では，より発展的な中心性指標を見ていこう。

4.3　固有ベクトル中心性

次数中心性の拡張版として，**固有ベクトル中心性** (eigenvector centrality)[207] が挙げられる。具体的に，次数中心性は単に相互作用する相手の数だけを考えているのに対して，固有ベクトル中心性は相互作用する相手の中心性の総和として定義される。そのため，同じ次数を持つノードであっても隣接するノードの重要性に従って，中心性が異なる場合がある（図 4.1(b)）。具体的に，ノード i の固有ベクトル中心性 $\theta_{\mathrm{eigen}}(i)$ は，式 (4.1) として定義される。

$$\theta_{\mathrm{eigen}}(i) = \frac{1}{\lambda} \sum_{j=1}^{N} A_{ij} \theta_{\mathrm{eigen}}(j) \tag{4.1}$$

ここで，λ は正の定数であり，すべての i に対して $\theta_{\mathrm{eigen}}(i) = 0$ となる（自明な）解以外の解も得るために導入されている。

式 (4.1) は行列表現で書き直すと次式のようになる。

$$\lambda \boldsymbol{\theta}_{\mathrm{eigen}} = \boldsymbol{A} \boldsymbol{\theta}_{\mathrm{eigen}}$$

つまり，$\boldsymbol{\theta}_{\mathrm{eigen}}$ はネットワーク $\boldsymbol{A}$ の固有ベクトルであるということがわかる。これが，固有ベクトル中心性の名前の由来である。

ここでは N 個の固有値のそれぞれに対応する固有ベクトルを固有ベクトル中心性として考えることができるが，一般には，最大固有値に対応する固有ベクトルが固有ベクトル中心性として用いられる。ある行列の固有値は，その固有値に対応する固有ベクトルがその行列をどの程度再現するのかを表す尺度である。そのため，固有ベクトル中心性 $\boldsymbol{\theta}_{\mathrm{eigen}}$ はネットワーク $\boldsymbol{A}$ を最もよく説明する「圧縮された」表現として捉えることができる。このため，固有ベクトル中心性は，ネットワーク全体の構造を特徴づけていると考えることができる。例えば同じ次数であっても，短いサイクルに属すようなノードは，そうでないノードと比較して中心性が高くなっており（図 4.1(b)），そのような構造を考慮できていることがわかる。

上記のように，固有ベクトル中心性は次数中心性よりも多くの利点を持つ。しかしながら，実用上ではいくつかの問題がある[22]。すべてのノードがたがいに到達可能である（連結な）ネットワークにしか使えないという点である。例えば，ネットワークが非連結である場合には不都合が生じる。具体的には，Perron–Frobenius の定理より，最大連結成分に含まれないノードの固有ベクトル中心性はすべて 0 になってしまう（図 4.1(b) のノード a と b)。また，有向ネットワークが強連結でない場合も不都合が生じる。この場合，最大固有値や固有ベクトルが一意に決まらない。この問題を解決する単純な方法は，最大連結成分のネットワークのみを固有ベクトル中心性の計算に使用することであるが，きわめて対処療法的であり好ましいとはいえないだろう。このため，固有ベクトル中心性の使用は一般に，無向の連結したネットワークを分析する場合に限定されることが多い。このような問題は残されるが，固有ベクトル中心性はタンパク質相互作用ネットワークから必須タンパク質を予測するシステムの一部として用いられる[208] などして，有効性が示されている。

4.4　PageRank

固有ベクトル中心性と同じように固有ベクトルを用い，より幅広く使える中心性指標として **PageRank** が挙げられる。PageRank はもともと World Wide Web（WWW）におけるウェブページの評価法の一つとして 1998 年に発表された[209],[210]。WWW において，ウェブページのリンク関係は相互であるとは限らないので，有向ネットワークとして表現される。そのため，PageRank は有向ネットワークにも対応している。さらに，前節で説明したような固有ベクトル中心性の問題点を「離脱と直接の訪問」を導入することで解決している。図 4.1(c) に示されるように，小さな連結成分の中心性指標は 0 でない数値を持っていることがわかる。

さらに，PageRank は固有ベクトル中心性における別の問題点にも対応している。固有ベクトル中心性は式 (4.1) から，相互作用の強さ（エッジの重み）は

次数にはよらないと考えている。しかしながら，相互作用の強さ（エッジの重み）は相手が多くなるほど小さくなると考えられる。PageRank では，これを遷移確率として表現する。

　PageRank の計算では，閲覧者はリンク（ハイパーリンク）に沿って別のウェブページ（ノード）にランダムに移動することを考える。このとき，あるウェブページの PageRank とは，閲覧者が十分長く移動する間にそのウェブページを訪問した割合，つまり閲覧者がそのウェブページを訪問する定常確率として解釈される。

　計算方法を具体的に見ていこう。まず，確率遷移行列 $\boldsymbol{P}$ を作成する。例えば，あるウェブページ j が三つのリンク（3 の出次数）を持っていたとすると，閲覧者は $1/3$ の確率であるリンクを選択して別のウェブページ i に移動する。このとき，ウェブページ j からウェブページ i に移動（遷移）する確率は $1/3$ となる。このことから，ノード j からノード i への遷移確率 P_{ij} は式 (4.2) のように定義される。

$$P_{ij} = \frac{A_{ij}}{\max\left(\sum_{k=1}^{N} A_{kj}, 1\right)} = \frac{A_{ij}}{\max\left(k_j^{\text{out}}, 1\right)} \tag{4.2}$$

このとき，すべての j に対して，$\sum_{i=1}^{N} P_{ij} = 1$ となる。分母の $\max\left(k_j^{\text{out}}, 1\right)$ は $k_j^{\text{out}} = 0$ の場合の対策として導入されている。このようにしても，そうしたノードからはどのノードにも遷移しないという性質は保たれているので問題ない。なお，無向ネットワークの場合，k_j^{out} を k_j と置き換えて考えればよい。

　このとき，ノード i に閲覧者が訪問する確率は，ノード i のリンク元を訪問する確率とリンク元からノード i に移動する確率によって決まる。したがって，PageRank（$\theta_{\text{page}}(i)$）は式 (4.3) のように定義できるだろう。

$$\theta_{\text{page}}(i) = \sum_{j=1}^{N} P_{ij}\theta_{\text{page}}(j) \tag{4.3}$$

すべてのノードがたがいに到達可能と考えるなら，確率遷移行列の性質から，$\boldsymbol{P}$ の最大固有値は 1 である。そのような場合，PageRank は固有ベクトル中心性

によく似ている。具体的には，式 (4.1) における A_{ij} が P_{ij} に置き換わっている。つまり，PageRank も固有ベクトル中心性と同様に最大固有値に対する固有ベクトルを意味している。

しかしながら，式 (4.3) のままでは，固有ベクトル中心性と同様の問題が生じる。具体的には，WWW がいくつかのサブネットワークに分割されていたり，リンク元のないウェブページや，（リンク元はあるが）それ自身はリンクを持たないウェブページがある場合には，不都合が生じる。

この問題を解決するために「離脱と直接の訪問」を考える。離脱とは閲覧者が現在訪問しているページからリンクを介してつぎのウェブページに移動することを（興味がなくなったなどの理由で）やめてしまうことである（damping とも呼ばれる）。直接の訪問とは，リンクとは関係なく，閲覧者が直接そのウェブページを訪問することである。閲覧者はリンクに沿ってウェブページを訪問するだけではなく，URL を直接打ち込んだりすることでも訪問することができる。これらは，式 (4.3) では考慮されていない。

ここで，ある閲覧者が，あるウェブページ j から離脱することを考える。このとき，閲覧者は別のウェブページ i に直接訪問する。訪問するウェブページは，閲覧者の趣味趣好に依存するとして，ランダムに（つまり $1/N$ の確率で）選択されると考える。このとき，ウェブページ j からウェブページ i にリンクがあるとみなすことができる。そのため，この「離脱と直接の訪問」を考慮することで，すべてのウェブページがたがいに到達可能であるように（見せかけることが）でき，必要な仮定を満たすことができる。

具体的には，式 (4.3) を式 (4.4) のように拡張する。

$$\theta_{\text{page}}(i) = \sum_{j=1}^{N} H_{ij}\theta_{\text{page}}(j) \tag{4.4}$$

ここで，H_{ij} は次式のようである。

$$H_{ij} = \alpha P_{ij} + (1-\alpha)\frac{1}{N}$$

ここで，α は定数であり，$\alpha \in [0,1]$ である（通常，$\alpha = 0.85$ と設定される[210]）。

つまり，式 (4.4) は，ウェブページ i には α の割合でリンクを介した訪問があり，$(1 - \alpha)$ の割合で直接の訪問があることを意味する。

最終的に，PageRank は行列 H の最大固有値（1）に対応する固有ベクトルとして求められる。PageRank が提案された論文[209]では，効率的な計算のために，反復法（べき乗法；絶対値最大の固有値に対応する固有ベクトルを求める数値計算法）を用いて数値的に求めている。具体的には，t 回目の計算における PageRank を $\boldsymbol{\theta}_{\mathrm{page}}^{(t)}$ とし，漸化式 $\boldsymbol{\theta}_{\mathrm{page}}^{(t+1)} = H\boldsymbol{\theta}_{\mathrm{page}}^{(t)}$ を任意の初期値（例えば，すべての i に対して $\theta_{\mathrm{page}}^{(0)}(i) = 1/N$）で解く。このとき，PageRank は，$\boldsymbol{\theta}_{\mathrm{page}}^{(\infty)}$ として求められる。

なお，$\displaystyle\sum_{j=1}^{N} \theta_{\mathrm{page}}(j) = 1$ なので，式 (4.4) は次式のように書き直すこともできる。

$$\theta_{\mathrm{page}}(i) = (1 - \alpha)\frac{1}{N} + \alpha \sum_{j=1}^{N} P_{ij}\theta_{\mathrm{page}}(j)$$

PageRank は中心性指標の一つとして，さまざまな生物ネットワークの解析に応用されている。

例えば，結核菌の代謝反応ネットワークにおいては，PageRank を用いることで近年新たに同定された重要なタンパク質（酵素）を見つけ出すことができている[211]。このタンパク質は次数中心性では見いだすことができなかった。

また，メラノーマ患者のタンパク質相互作用ネットワークにおいては，PageRank を用いて既知のメラノーマ関連タンパク質を同定することができている[211]。

さらに，食物網においては，どの種が除去された（絶滅した）場合に最も被害が大きくなるか（最大規模の絶滅のカスケードが起きるか）を評価するために PageRank が用いられている[212]。これは生態系管理のために優先的に注目すべき種を推定することに役立つ。

4.5   近接中心性とその別形

　ここからは，最短経路長に基づく中心性指標を紹介したい。最も単純な指標
として挙げられるのが**近接中心性**（closeness centrality）[203]であり，「短い最短
経路でそのほかのノードに到達できるようなノードが中心的である」と考える。
　なお，近接中心性にはいくつかの別形がある。これらは，似た定義であるも
のの，異なる分野でそれぞれ提案されており，呼ばれ方が異なる。しばしば混
乱のもとになるので，ここでまとめて紹介したい。

4.5.1   近 接 中 心 性

本項で説明するのが近接中心性の基本形である。歴史は古く，Freeman の記
述[203]によれば，1950 年に Bavelas によって提案されている。
　ノード i の近接中心性 $\theta_{\mathrm{closen}}(i)$ はノード i–j 間の最短経路長 $d_{SP}(i,j)$ を用
いて，式 (4.5) のように定義される。

$$\theta_{\mathrm{closen}}(i) = \frac{1}{\sum_{j=1}^{N} d_{SP}(i,j)} \tag{4.5}$$

しばしば $\theta_{\mathrm{closen}}(i) = (N-1)/\sum_{j=1}^{N} d_{SP}(i,j)$ のように定義されるが，規格化の
問題であり本質的には同じである。
　有向ネットワークを考える場合は，$d_{SP}(i,j)$ を出力エッジに基づいて計算
される最短経路長 $d_{SP}^{\mathrm{out}}(i,j)$ や，入力エッジに基づいて計算される最短経路長
$d_{SP}^{\mathrm{in}}(i,j)$ に置き換えて計算する。
　近接中心性は最短経路長に基づくため，次数中心性とは大きく異なる結果を
得る場合がある。図 4.1(d) のノード g に注目してもらいたい。このノードの次
数は 2 と比較的小さいながらも，大きな中心性を示している。ノード g はノー
ド集合 $\{c,d,e,f\}$ とノード集合 $\{h,i,j,k\}$ で構成されるそれぞれのサブネッ
トワークを橋渡しする役割を担っており，近接中心性はその特徴を捉えること

ができている。これは次数中心性（図 4.1(a)），固有ベクトル中心性（図 (b)），PageRank（図 (c)）とは異なる点である。

ただ，近接中心性を使う場合には注意が必要である。特に，ネットワークが連結であるという仮定が必要である。もしネットワークが連結でない場合，$d_{SP}(i, j) = \infty$ となるようなノードペアが存在する。式 (4.5) からもわかるように，そのようなノードペアがある場合，近接中心性はすべて 0 になってしまう。このような場合は，最大連結成分のネットワークのみを使って中心性指標を計算することが考えられる。実際，図 4.1(d) ではそのようにして中心性が計算されている。また，点効率性など近接中心性の変形版を使用することも考えられる（次項を参照）。

あるノードの近接中心性は，そのノードから情報を発信したときの情報の伝達速度としてしばしば解釈される。例えば，代謝化合物ネットワークから栄養素（外部から取り込まれる化合物）を推定するために用いられている[213]。このような栄養素は代謝化合物ネットワークの外側に位置しており，取り込まれた栄養素の情報（原子）がネットワーク全体に伝わる速度は，中心的な代謝化合物（例えばピルビン酸）のそれと比較すると小さいと考えることができるためである。

また，近接中心性は酵素（タンパク質）の活性部位の予測などでも用いられる[214]。具体的には，タンパク質構造ネットワークにおけるアミノ酸残基の近接中心性を考えた場合，酵素タンパク質の反応活性部位の近接中心性はそのほかの部位のそれよりも高いことが知られている。活性部位がタンパク質の内部に埋めまれているという幾何的な制約に加えて，酵素反応（基質との結合と生成物の解離）を効率的に行うために，ほかのアミノ酸残基と連動する必要があるからだと解釈されている。

4.5.2 点 効 率 性
前項でも述べたように，近接中心性は非連結ネットワークには使えない。ただ，この問題は定義を少し変えるだけで対応することができる。その一つが**点効率性**（nodal efficiency）[215] である。具体的に，ノード i の点効率性 $\theta_{\mathrm{eff}}(i)$

は式 (4.6) のように定義される。

$$\theta_{\text{eff}}(i) = \frac{1}{N-1} \sum_{\substack{j=1 \\ j \neq i}}^{N} \frac{1}{d_{SP}(i,j)} \tag{4.6}$$

$d_{SP}(i,j) = \infty$ となるノードペアが存在したとしても，$1/d_{SP}(i,j) = 0$ となるため $\theta_{\text{eff}}(i)$ には影響を与えない。そのため，非連結なネットワークにも使うことができ，小さな連結成分に属するノード（図 4.1(e) のノード a とノード b）の中心性についても評価することができる。

　点効率性はもっぱら脳ネットワーク解析で用いられ，ある脳領域の情報伝達の効率性と解釈される。例えば，この考え方を用いて，点効率性に注目することで知能指数と関連する脳領域を見つけ出している[215]。

4.6　媒 介 中 心 性

媒介中心性（betweenness centrality）[203] も近接中心性と同様に最短経路に基づく中心性指標であるが，その考え方は近接中心性のそれとは少し異なる。具体的に，媒介中心性は「すべてのノード間を最短経路で移動する際，よく通過するノードが中心的である」と考える。近接中心性が情報を早く（あるいは効率的に）伝達することのできるノードを特徴づけるのに対して，媒介中心性は多くの情報が交差するノードを特徴づけると解釈される。

　ノード i の媒介中心性 $\theta_{\text{between}}(i)$ は式 (4.7) のように定義される。

$$\theta_{\text{between}}(i) = \sum_{s=1}^{N} \sum_{t=1}^{N} \frac{\sigma_{st}(i)}{\sigma_{st}} \qquad (i \neq s \neq t) \tag{4.7}$$

ここで，σ_{st} はノード s–t 間の最短経路の数であり，$\sigma_{st}(i)$ はその最短経路のうちノード i を含む経路の数を意味している。

　有向ネットワークを考える場合は，出力エッジを通して求められる最短経路や入力エッジを通して求められる最短経路が代わりに用いられる。具体的には，

出力エッジ（入力エッジ）に注目する場合，σ_{st} はノード s からノード t への（ノード t からノード s への）最短経路の数であり，$\sigma_{st}(i)$ はその最短経路のうちノード i を含む経路の数であると解釈される。

式 (4.7) はノード s–t の組合せの数で規格化される場合もある。具体的には，無向ネットワークの場合，式 (4.7) は $\binom{N-1}{2} = (N-1)(N-2)/2$ で割ることで規格化される。有向ネットワークの場合は「s から t」と「t から s」を区別するので，式 (4.7) は $_{N-1}P_2 = (N-1)(N-2)$ で割ることで規格化される。

媒介中心性も近接中心性と同様，ノードの次数は比較的小さいながらも，大きな中心性を示すノードが存在する（図 4.1(f) のノード g）。媒介中心性もまたサブネットワークを橋渡しするようなノードを特徴づけることができている。さらに媒介中心性は，近接中心性よりも，そのような橋渡しノードを強調している。

このことから，媒介中心性はネットワークのボトルネックの発見にしばしば用いられる。このようなボトルネック（図 4.1(f) のノード g のようなもの）は削除されればネットワークがたちまち分断されてしまうため，生物ネットワークにおいても重要だと考えられる。

事実，タンパク質相互作用ネットワークでは，媒介中心性が高いノードには必須タンパク質が多く見つかる[216]。同様に，遺伝子制御ネットワークでも，媒介中心性が高いノードには必須遺伝子が多く含まれている。これは，次数中心性の高いノードに必須タンパク質（遺伝子）が多く含まれていることとは必ずしも関係しない。次数中心性が低くても媒介中心性が高いノードには必須タンパク質（遺伝子）が多く見られるからだ。この性質を利用して，合成致死性（二つ以上の遺伝子が欠損することで現れる致死性）を示す遺伝子ペアを推定する手法が開発されている[217]。

このように媒介中心性は，酵素（タンパク質）の活性部位の予測[214]，脳ネットワークにおける重要な脳部位の推定[73]，創薬[218] など幅広い分野で用いられている。

4.7　そのほかの中心性指標

中心性解析はネットワーク解析の代表的な解析であり，ここでは紹介しきれないほど多くの中心性指標が提案されている。これからも多くの中心性指標が新たに提案されていくだろう。しかしながら，それらの多くは，ここで言及した基本的な中心性指標の拡張版である。これらの中心性指標を理解しておけば，そのほかの中心性指標の理解も難しくない。

ここでは，そのほかの中心性指標として，生物ネットワーク解析でもしばしば用いられる，カッツ中心性とサブグラフ中心性について紹介する。これらの中心性指標が，前述の指標とどのように関係しているかを示す。

4.7.1　カッツ中心性

カッツ中心性（Katz centrality）は 1953 年に Katz によって提案された[219]。この中心性は「短い歩みで，自分以外のすべてのノードに到達できるようなノードは中心的である」と考える。この考え方は近接中心性とよく似ている。

具体的に，ノード i のカッツ中心性 $\theta_{\mathrm{Katz}}(i)$ は式 (4.8) のように定義される。

$$\theta_{\mathrm{Katz}}(i) = \sum_{k=0}^{\infty} \sum_{j=1}^{N} \alpha^k (\boldsymbol{A}^k)_{ij} \tag{4.8}$$

ここで，$\boldsymbol{A}^k$ はノード i–j 間の長さ k の歩道の数に対応する。α は定数であり 0 から 1 の範囲で与えられ，あるエッジを横切ることに成功する確率と解釈される。つまり，歩道が長くなるほど到達できるノードは少なくなっていく。このため，短い歩道で自分以外のすべてのノードに到達できるノードに重きが置かれるようになる。なお，$(\boldsymbol{A}^k)_{ij}$ は $\boldsymbol{A}^k$ の i 行 j 列の要素を意味する。

ここで式を変形していくと，また別の中心性指標との関係が見えてくる。特に，$\displaystyle\sum_{k=0}^{\infty} \alpha^k \boldsymbol{A}^k = \boldsymbol{I} + \alpha\boldsymbol{A} + \alpha^2\boldsymbol{A}^2 + \cdots = (\boldsymbol{I} - \alpha\boldsymbol{A})^{-1}$ であるので，式 (4.8) は次式のように書き直される。

$$\boldsymbol{\theta}_{\mathrm{Katz}} = (\boldsymbol{I} - \alpha\boldsymbol{A})^{-1}\mathbf{1}$$

$$= \alpha\boldsymbol{A}\boldsymbol{\theta}_{\mathrm{Katz}} + \mathbf{1}$$

ここで，$\mathbf{1}$ は要素がすべて 1 の列ベクトルである。つまり

$$\theta_{\mathrm{Katz}}(i) = \alpha\sum_{j=1}^{N}[A_{ij}\theta_{\mathrm{Katz}}(j)] + 1 \tag{4.9}$$

であり，式 (4.9) は固有ベクトル中心性 (式 (4.1)) とよく似ていることがわかる。すなわち，カッツ中心性は固有ベクトル中心性の拡張であることがわかる。固有ベクトル中心性との違いは右辺第 2 項の +1 である。この項があるおかげで，ネットワークが非連結である場合でも，小さな連結成分に属するノードの中心性がすべて 0 になったり，一意に決まらなかったりする問題を避けることができる。これは PageRank における「離脱と直接の訪問」との類似性がある。したがって，カッツ中心性は非連結ネットワークや有向ネットワークにも使うことができる。

　ただ，式 (4.9) においては α の設定が重要である。$\theta_{\mathrm{Katz}}(i)$ がすべての i に対して正になる必要があることを考えると，$\alpha < 1/\lambda$ とする必要がある。ここで，λ は行列 $\boldsymbol{A}$ の最大固有値である。しかしながら，α を小さくしすぎると（当然ながら）ネットワークの情報が考慮されずにカッツ中心性はすべて 1 になる。したがって，実用の上では，最大固有値を適当に丸めた値 λ_{rd} を用いて，$\alpha = 1/\lambda_{\mathrm{rd}}$ とすればよいだろう。

4.7.2　サブグラフ中心性

　サブグラフ中心性 (subgraph centrality) は Estrada と Rodríguez-Velázquez によって 2005 年に提案された[220]。この中心性は「短い歩みで，自分自身に帰ってくる機会が多いノードは中心的である」と考える。あるノードがサブグラフにどのように埋め込まれているかを特徴づけているとも考えることができる。そのため，サブグラフ中心性と呼ばれる。

　具体的に，カッツ中心性と同様に長さ k の歩道の数 $\boldsymbol{A}^k$ を用いて，ノード i のサブグラフ中心性 $\theta_{\mathrm{subgraph}}(i)$ は式 (4.10) のように定義される。

$$\theta_{\mathrm{subgraph}}(i) = \sum_{k=0}^{\infty} \frac{(\boldsymbol{A}^k)_{ii}}{k!} \tag{4.10}$$

分母の $k!$ は k 本のエッジの重複順列（歩道なので）の数であり，分子が発散するのを避けるために導入されている。また，自分自身に帰ってくる短い歩道の数に重きを置く役割も果たしている。

さて，ここでネットワークの隣接行列 $\boldsymbol{A}$ のすべての固有値 λ_1, λ_2, ..., λ_N とそれらに対応する固有ベクトル $\boldsymbol{v}_1$, $\boldsymbol{v}_2$, ..., $\boldsymbol{v}_N$ を考える。このとき，式 (4.10) は式 (4.11) のようになることが示されている[220]。

$$\theta_{\mathrm{subgraph}}(i) = \sum_{j=1}^{N} (\boldsymbol{v}_j)_i^2 \mathrm{e}^{\lambda_j} \tag{4.11}$$

ここで，$(\boldsymbol{v}_j)_i$ はベクトル $\boldsymbol{v}_j$ の i 番目の要素を意味する。

式 (4.11) は，サブグラフ中心性が固有ベクトル中心性の拡張版であることを示している。固有ベクトル中心性では，ネットワークの隣接行列 $\boldsymbol{A}$ を最もよく説明する，最大固有値に対応する固有ベクトルのみを用いている。しかしながら，そのネットワーク $\boldsymbol{A}$ の構造を反映するそのほかの固有ベクトルは無視されている。一方，サブグラフ中心性はそれぞれの固有ベクトルを固有値に基づく重みで足し合わせることで，ネットワークの隣接行列 $\boldsymbol{A}$ をよりよく説明する別の表現を与えている。そのため，サブグラフ中心性は固有ベクトル中心性よりも有用であると考えられる。事実，サブグラフ中心性は，ほかの中心性指標と比較して，出芽酵母のタンパク質相互作用ネットワークにおける必須タンパク質の発見に役立つことが示されている[220]。

4.8　統計解析や機械学習における中心性

中心性を求めることはネットワークの構造をあるベクトル空間に変換する（埋め込む）ことに対応する。このような埋め込みは統計解析や機械学習において重要な役割を果たす。既存の統計解析や機械学習の手法は，ネットワークのように複雑な構造を持ったデータを直接取り扱うことが難しいからである。

　中心性指標はネットワークの構造を圧縮した表現であると捉えることができる。固有ベクトル中心性が最もわかりやすく，これはネットワークの隣接行列の主成分に対応している。このため，中心性を入力とするだけで，既存の手法を使ってネットワークデータの統計解析や機械学習を行うことができる。問題に特化した新たな手法を構築する必要がないので汎用性が高い。

　中心性指標を用いることで，ノードの機能とネットワークにおける位置との関係について議論することができる。重要な（生育に必須であったり薬剤標的となるような）生体分子は，ほかの多くの生体分子と直接的または間接的に関連しているため，ネットワークにおける中心に位置する，との仮説を立てることができる。このような仮説は，中心性指標の差を統計検定するだけで検証することができ，これまでに説明したように，重要な生体分子の中心性指標はそうでないものと比較して高いことが示されている。

　そのほか，生物の形質が生体ネットワークのどのノードと関連しているかを調べることもできる。中心性指標を用いて神経症的性格に関連する脳部位を調査した研究がある[73]。脳ネットワークにおける各脳部位の中心性指標と性格指標を計算し，それらのデータを正則化回帰モデルで分析することで，神経症的性格に関連する脳部位を推定することができる。

　中心性指標がノードの特性や生物の形質と関連するならば，それは予測などにも用いることができることを意味する。具体的に説明するため，先の必須遺伝子の例に戻ろう。必須遺伝子どうしの間で中心性指標が違うならば，その指標を用いて遺伝子の必須性を判別することができると考えられる。必須遺伝子の必須性を実験的に調査することにはコストがかかる。そのため，あらかじめ候補を絞ることができればそのコストを軽減できる。

　もちろん中心性指標はノードの機能などの予測に用いることもできる。例えば，Jacunski ら[217]は，タンパク質相互作用ネットワークから計算される次数中心性と媒介中心性から，合成致死となるタンパク質のペアをランダムフォレストを用いて予測している。これは遺伝子の相同性やタンパク質の構造的および機能的類似性に基づく予測手法よりも高い予測性能を達成している。また，

Song ら[214] は，タンパク質構造ネットワークから計算される複数の中心性指標から，酵素（タンパク質）の活性部位を予測するために，ランダムフォレストを用いている。これは，タンパク質のアミノ酸配列情報だけから活性部位を予測する既存手法よりも高い予測性能を達成している。このように，既存の機械学習手法に中心性指標を入力として加えるだけで，予測性能を向上させることができる。

このような埋め込みは，深層学習の分野でも発展している。例えば，DeepWalk[221] や node2vec[222] などの手法はネットワークの構造を保持しながら各ノードをベクトル表現に埋め込む。そのため，**ノード埋め込み**（node embedding）と呼ばれる。これらの手法は隣接関係や歩道に基づいた埋め込みを考えており，ここで紹介した中心性の考え方とよく似ている。事実，ノード埋め込みによって得られたベクトル表現の特殊ケースがこれらの中心性指標に対応することが知られている[223]。ノード埋め込みは解釈性が低いという問題点が残されるが，埋め込みを用いた手法はさらに発展し，生物ネットワーク解析に応用されていくと期待される。

5 ネットワーク 可制御性解析

　動的システムはネットワークで表現することができる。ネットワーク可制御性解析は，そのネットワーク構造から，システムの振る舞いを制御するための重要なノードを見つけるために用いられる。このようなノードはドライバ・ノードと呼ばれ，生命システムの維持や疾病などと関連する。そのため，必須遺伝子，疾病関連遺伝子，薬剤標的分子の推定などに用いられる。ここでは，ネットワーク可制御性解析の基礎と応用について実例を交えながら説明する。

5.1 可 制 御 性

　可制御性（controllability）とは，制御理論（微分方程式で記述される動的システムの制御に関する理論）において，そのシステムを理解するための一つの視点である。具体的には，要素の値（遺伝子発現レベルなど）$\boldsymbol{x} = (x_1, \ldots, x_N)^\top$ の時間発展を微分方程式で記述した式 (5.1) のような線形力学系を考える†。

$$\frac{\mathrm{d}}{\mathrm{d}t}\boldsymbol{x} = \boldsymbol{A}\boldsymbol{x} + \boldsymbol{B}\boldsymbol{u} \tag{5.1}$$

ここで，$\boldsymbol{A}$ は $N \times N$ の行列であり，注目する力学系（システム）に対応する。このシステム $\boldsymbol{A}$ を外部入力 $\boldsymbol{u} = (u_1, \ldots, u_M)^\top$（ただし，$M \leq N$）で制御することを考える。$\boldsymbol{B}$ は $N \times M$ の行列であり，外部入力 $\boldsymbol{u}$ と注目するシステムの要素 $\boldsymbol{x}$ の接続を表す。このとき，$\boldsymbol{A}$ や $\boldsymbol{B}$ はネットワークとして見ることが

---

† 　多くの生命システムは非線形であるが，非線形力学系の可制御性は多くの面で線形力学系のそれとよく似ていることが知られている[224], [225]。

できる（図**5.1**）。具体的に，$\mathcal{A}_{ij}$ は注目するシステムにおける要素 x_j から要素 x_i へのつながりを，$\mathcal{B}_{ij}$ は外部入力 u_j から注目するシステムの要素 x_i へのつながりを表している。

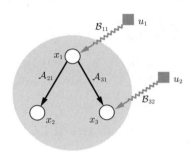

図 **5.1**　式 (5.1) のネットワーク表現の例

　このとき，もし適切な外部入力 $\boldsymbol{u}$ を加えることで，$\boldsymbol{x}$ の状態を「目的の状態」にすることができるならば，$\boldsymbol{\mathcal{A}}$ と $\boldsymbol{\mathcal{B}}$ で構成されるシステム全体（式 (5.1)）は可制御である，という。

　このような可制御性は生物学においても重要な考え方の一つである。例えば，遺伝子発現パターンは，制御メカニズムの違いから，組織によって異なると考えられている[226]。また，遺伝子発現パターンは疾患特異的でもある。特に，がんの遺伝子発現パターンについてはよく調べられている[227]。遺伝子発現パターンは，遺伝子発現レベルの一つの状態として近似的にみなすことができる。そのため，この遺伝子発現パターンを制御することは，ある組織細胞から別の組織細胞に変化させたり，疾病状態から健康状態にしたりすることに対応する。以上より，どの遺伝子を制御すればよいかという問題は，細胞分化の誘導因子の探索[228]や分子標的治療[229]において役立つと考えられる。

　さて，式 (5.1) で記述されるシステムが可制御であるかどうかはそのシステムを特徴づける $\boldsymbol{\mathcal{A}}$ と $\boldsymbol{\mathcal{B}}$ を用いて判定することができる。具体的に，次式のような $N \times NM$ の行列 $\mathcal{C}$ を考える。

$$\mathcal{C} = \left(\boldsymbol{\mathcal{B}}, \mathcal{A}\boldsymbol{\mathcal{B}}, \mathcal{A}^2\boldsymbol{\mathcal{B}}, \ldots, \mathcal{A}^{N-1}\boldsymbol{\mathcal{B}} \right)$$

このとき，$\mathcal{C}$ が行に対するフルランクを持つこと（式 (5.2)）は，そのシステムが可制御であることの必要十分条件である。

$$\text{rank}(\mathcal{C}) = N \tag{5.2}$$

これは，$\mathcal{C}$ の線型独立な行ベクトルの（最大）数に対応する。つまり式 (5.2) は，外部入力によって $x = (x_1, \ldots, x_N)^\top$ のそれぞれを独立に操作することができる状態（つまり可制御）であることを意味する。

5.2　構造可制御性

前節で述べた可制御性をネットワーク構造から特徴づけるにはどうしたらよいだろうか。ネットワーク構造のみでは，式 (5.2) を用いてシステムの可制御性を直接判定することは一般にはできない。式 (5.2) による判定を使うためには，$\mathcal{A}$ の正確な値（重み）を知っておく必要があるからである。ネットワークは一般的に，つながっているかどうかの情報しか使えない場合が多く，また重みがわかっていたとしても誤差が含まれている場合が多い。そのため，式 (5.2) による判定はあまり現実的ではないと考えられる。そのような場合に役立つのが，**構造可制御性**（structural controllability）[230] である。これは，ネットワーク構造の視点から特徴づけられた可制御性であり，1974 年に Lin によって提案された。システム $\mathcal{A}$ と $\mathcal{B}$ の構造を反映するネットワーク G（図 5.1 で表されるようなネットワーク構造）に注目し，適切な重みが割り振られた場合に式 (5.2) を満たす構造を持つかどうかで可制御性を判定する。なお，式 (5.2) との関連をわかりやすくするため，以降では，$x_i\ (i = 1, \ldots, N)$ と $u_i\ (i = 1, \ldots, M)$ をノードの表記としてそのまま用いる。

さて，このネットワーク G が構造可制御であることの必要十分条件は具体的にはつぎのようである†。

1.　ノード $x_1, \ldots, x_N$ はすべて，外部ノード $u_1, \ldots, u_M$ のいずれかから到

---

† ほかの言明もある。詳細は論文 224) の補足資料や論文 231) を参照してほしい。

達可能である。

2. かつ，ノード $x_1, \ldots, x_N$ の部分集合 $\boldsymbol{X}_{\text{sub}}$ を考えたとき，いかなる $\boldsymbol{X}_{\text{sub}}$ においても，入力エッジを介して隣接するノードの数が $\boldsymbol{X}_{\text{sub}}$ の要素数 $|\boldsymbol{X}_{\text{sub}}|$ 以上になる。

どのような場合が構造可制御であるのか，例（**図 5.2**）を通して見てみよう。

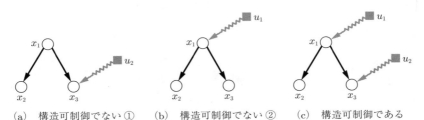

(a)   構造可制御でない ①　　(b)   構造可制御でない ②　　(c)   構造可制御である

図 5.2　構造可制御を考えるための例

図 5.2(a) のネットワークにおいては，ノード x_1 と x_2 はどの外部ノード（この場合は u_2）からも到達することができない。これは条件 1 に反している。そのため，このネットワークは構造可制御でない。このように外部入力の影響が及ばないようなノードは制御することができないからである。

一方，図 5.2(b) のネットワークにおいては，ノード x_1，x_2，x_3 のすべてが外部ノード（この場合は u_1）から到達可能であり，条件 1 が満たされている。しかしながら，$\boldsymbol{X}_{\text{sub}} = \{x_2, x_3\}$ とした場合，条件 2 は満たされていない。ノード x_2 と x_3 の入力エッジを介して隣接するノードは x_1 一つのみだからである。このような場合，ネットワークは構造可制御でない。これはつぎのように解釈される[224]。u_1 からの外部入力はノード x_1，x_2，x_3 に影響する。しかしながら，x_2 と x_3 の状態の違い（差）を制御することはできない。例えば，外部ノード u_1 からの入力で x_1 と x_2 の状態を制御しようとする。このとき，u_1 は x_3 を制御することは必ずしもできない（x_3 に影響を与えることはできる）。これは，x_2 から x_3 への接続（関係性）がないためである。

図 5.2(b) において構造可制御性を満たすためには，少なくとも x_2 か x_3 のいずれかに対して外部入力（外部ノード）を加える必要がある。図 (c) は x_3 に外

部入力を加えた場合が示されている。この場合，確かに条件1と条件2の両方が満たされている。このとき，x_1, x_2, x_3 は外部ノードによって独立に制御されている。x_1 と x_3 はそれぞれ u_1 と u_2 に制御されており，x_2 は x_1 のみを通して u_1 から制御されている。構造可制御性と可制御性（式 (5.2) の示すところ）は，このような要素の独立性の文脈で関連している。

5.3 最大マッチングに基づくドライバ・ノードの求め方

さて，構造可制御性を満たすためにはどれだけの要素を制御すればよいのだろうか。ここで，制御する必要のあるノードを**ドライバ・ノード**（driver node)[224] と呼ぶことにする。例えば，図 5.2(c) におけるドライバ・ノードは x_1 と x_3 である。

構造可制御性の条件1，2を考えれば，すべての要素 x_i（$i = 1, \ldots, N$）をそれぞれ個別の外部ノード u_i（$i = 1, \ldots, N$）で制御すれば構造可制御性は満たせる（x_1 は u_1 で，x_2 は u_2 で，$\ldots$，x_N は u_N で制御するといったようにである）。しかしそれでは，あまりにもコストが大きい。実応用を考えると，構造可制御性を満たす最小のドライバ・ノード集合を求めることが要求される。

構造可制御性の条件を考えることはネットワーク（グラフ）の**マッチング**（matching）と関連があり[224],[231]，このような最小のドライバ・ノード集合は，システム $\mathcal{A}$ の構造を反映する有向ネットワークの最大マッチングを通して得ることができる[224]。これについて順に説明する。

有向ネットワーク（グラフ）は2部ネットワークとして表現することができる（図 5.3）。例として，図 5.3(a) の有向ネットワークを考える。このとき，ノード集合 $\{x_1, x_2, x_3\}$ に対する出力ノード集合 $\{x_1^+, x_2^+, x_3^+\}$ と入力ノード集合 $\{x_1^-, x_2^-, x_3^-\}$ を考え，図 (b) で示されるように，有向ネットワークの入出力関係に基づいて2部ネットワークを作成する。具体的には，有向ネットワークにおいて x_i から x_j につながるエッジがある場合，2部ネットワークにおいては x_i^+ と x_j^- の間にエッジを張る。

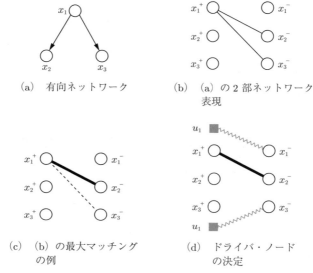

(a) 有向ネットワーク

(b) (a) の 2 部ネットワーク表現

(c) (b) の最大マッチングの例

(d) ドライバ・ノードの決定

図 **5.3** 最大マッチングに基づくドライバ・ノードの求め方

マッチングとは端点を共有しないエッジ，つまり独立したペア（エッジ），の集合のことである。図 5.3(b) において，エッジ集合 $\{(x_1^+, x_2^-), (x_1^+, x_3^-)\}$ はマッチングには該当しない。これらのエッジはノード x_1^+ を共有しているからである。そのため，$\{(x_1^+, x_2^-)\}$ あるいは $\{(x_1^+, x_3^-)\}$ がマッチングとなる。図 (c) は，$\{(x_1^+, x_2^-)\}$ をマッチングとした例を表す。

ホールの定理（結婚定理）[38] より，構造可制御性の条件 2 を満たすことは，入力ノードのすべてがマッチングの端点になっていることに対応する。つまり，マッチングの端点でないノードは制御される必要があり，ドライバ・ノードである。図 5.3(d) に示されるように，外部ノードを出力ノード集合に加えてやれば，そのノードはマッチングの端点にすることができるからである。つまり，最小のドライバ・ノードの集合は，可能な限り入力ノードがマッチングの端点になるようにすることで求められる。これは，この 2 部ネットワークの最大マッチングを求めることに対応する。最大マッチングとは，マッチングのサイズ（独立したペアの数）が最大となるマッチングのことである。

　なお，L 本の有向エッジで構成される有向ネットワークの最大マッチングはつぎのような数理（0–1 整数）計画問題としても定式化できる。具体的には，有向エッジ i がマッチングに属す（$\xi_i = 1$）か，属さないか（$\xi_i = 0$）を考え，マッチングのサイズ（つまり $\sum_{i=1}^{L} \xi_i$）を最大化させる問題として次式のように解く。

$$\text{最大化} \quad \sum_{i=1}^{L} \xi_i$$

$$\text{制約} \quad \sum_{i=1}^{L} D_{ij}^{(+)} \xi_i \leq 1$$

$$\sum_{i=1}^{L} D_{ij}^{(-)} \xi_i \leq 1$$

$$\xi_i \in \{0, 1\}$$

ここで，$D_{ij}^{(+)}$ は有向エッジ i の出力側の端点がノード x_j である（$D_{ij}^{(+)} = 1$）か，そうでない（$D_{ij}^{(+)} = 0$）かを表す。また，$D_{ij}^{(-)}$ は有向エッジ i の入力側の端点がノード x_j である（$D_{ij}^{(-)} = 1$）か，そうでない（$D_{ij}^{(-)} = 0$）かを表す。マッチングの定義より，ノード j に対する出力ノード（x_j^+）と入力ノード（x_j^-）はたかだか一つのペアにしか属すことができないため，$\sum_{i=1}^{L} D_{ij}^{(+)} \xi_i \leq 1$ と $\sum_{i=1}^{L} D_{ij}^{(-)} \xi_i \leq 1$ という制約が設けられる。

　最後に，構造可制御性の条件 1 が満たされているかどうかを検証する。例えば，有向ネットワークがハミルトン閉路を持つ（そのネットワークにおいて，すべてのノードを 1 回だけ通ってスタート地点に戻ってこられる）場合，それに対応する 2 部ネットワークの最大マッチングの端点はすべての入力ノードを含む（完全マッチングになる；**図 5.4**）。そのため，条件 2 は満たされるが，外部ノードがそもそもないので，条件 1 は満たされない。より一般的には，有向ネットワークが一つ以上の内素な（ノードを共有しない）閉路を持ち，すべてのノードがそれぞれいずれかの閉路に含まれる場合，条件 2 は満たされるが，外部ノードがないため，条件 1 は満たされない。それぞれの閉路において完全

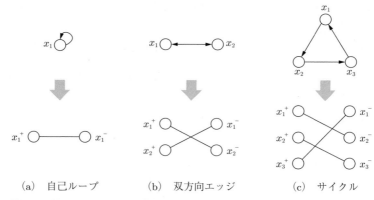

(a) 自己ループ   (b) 双方向エッジ   (c) サイクル

図 5.4 外部ノードなしで（構造可制御性の条件 1 が満たされず），条件 2 が
満たされる例

マッチングを見つけることができ，結果として，ネットワーク全体においても
完全マッチングが見つかるためである。

このように完全マッチングが見つかる場合，すべてのノードの挙動は自分自
身で特徴づけられる状態にあると解釈される。そのため，このシステム $\mathcal{A}$ を制
御するためには少なくとも一つの外部ノードがあればよい[224),225)]。外部ノー
ド u_{new} を少なくとも一つ追加し，適当なノードに接続させることで条件 1 を満
たすことができるからである。このとき，外部ノードから接続されるノードの
うちいずれか一つがドライバ・ノードと設定される。もちろん，この操作の後
も条件 2 は満たされたままである。すでに完全マッチングがあるからである。

まとめると，ドライバ・ノードの数 N_D は次式のように求められる。

$$N_D = \min(N - M_S, 1)$$

ここで，M_S はシステム $\mathcal{A}$ の構造を反映する有向ネットワークに対する最大
マッチングのサイズである。

なお，Erdős–Rényi のランダム有向ネットワークにおける最小のドライバ・
ノード数 N_D は，ノード数 N が十分大きいならば，近似的に式 (5.3) のように
なることが知られている[224)]。

$$N_D \approx N\,\mathrm{e}^{-\langle k \rangle/2} \tag{5.3}$$

加えて，有向のスケールフリーランダムネットワーク（コンフィギュレーショ
ンモデル；3.6 節）の場合は，入次数の次数分布は $P(k^{\mathrm{in}}) \propto (k^{\mathrm{in}})^{-\gamma}$，出次数
の次数分布は $P(k^{\mathrm{out}}) \propto (k^{\mathrm{out}})^{-\gamma}$ であると仮定すると，近似的に式 (5.4) のよ
うになることが知られている。

$$N_D \approx N \exp \left[-\frac{1}{2} \left(1 - \frac{1}{\gamma - 1} \right) \langle k \rangle \right] \tag{5.4}$$

式 (5.3)，(5.4) のどちらも，ノード数 N が大きければ N_D は増えていき，平
均次数 $\langle k \rangle$ が大きければ（つまりエッジの数が多ければ）N_D は減少すること
を示す。また，式 (5.4) は γ が小さければ（次数分布の裾が重ければ）N_D は
増加することがわかる。

このように求められたドライバ・ノードは（生命）システムの制御に関わる
重要なノードであり，必須遺伝子や疾病関連遺伝子と関連する。特に，このよ
うな重要な生体分子を同定するためにドライバ・ノードは用いられる[232]。こ
れについては 5.5 節で詳しく述べる。また，構造可制御性は脳研究分野でも用
いられる。例えば，脳構造ネットワークを解析することで「脳のどの領域が認
知状態を制御しているのか」や「脳において認知状態がどのように変遷するの
か」を説明するために応用されている[233]。

構造可制御性はネットワーク全体を「完全」に制御することを考えるが，あ
る特定の現象を考える場合，そのような完全な制御を考える必要はないのでは
ないかと思う読者もいるだろう。構造可制御性は，注目する部分の可制御性が
成り立つかどうかを判定するように素朴に拡張することができる[234]。基本的
な考え方としては，注目するノードに対応する入力ノードのみに限定して最大
マッチングを考えればよい。

5.4 最小支配集合に基づくドライバ・ノードの求め方

ネットワークを制御するという文脈では，構造可制御性のほかに，**最小支配
集合**（minimum dominating set）に基づく考え方もある[139), 235), 236]。ここで

は，そのような最小支配集合に基づくネットワーク可制御性，そしてドライバ・ノードの求め方について紹介する。

まず，支配集合について説明する。無向ネットワークにおける，ノードの部分集合 V_s を考える。もし，この V_s に含まれないノードのすべてが少なくとも V_s に属すノードの一つと隣接しているならば，その集合 V_s を支配集合と呼ぶ。有向ネットワークの場合は，「少なくとも V_s に属すノードの一つと隣接」を「少なくとも V_s に属すノードの一つと入力エッジを介して隣接」に置き換えればよい。このとき，支配集合に属すノードを支配ノードと呼ぶ。図 5.5 に示される例を見てみよう。黒のノードは集合 V_s に属すノードである。

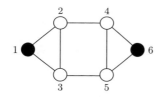
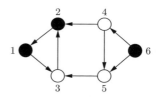

(a)　無向ネットワークの場合　　　　(b)　有向ネットワークの場合

図 5.5　支配集合の例

図 5.5(a) に示される無向ネットワークにおいて，ノード 2 と 3 は集合 V_s に属すノード 1 と隣接する。また，ノード 4 と 5 は集合 V_s に属すノード 6 と隣接する。このため，この集合 V_s は支配集合である。

有向ネットワークにおいてはエッジの向きが支配集合に影響する。図 5.5(b) の有向ネットワークは図 (a) の無向ネットワークとよく似ているが，エッジの向きのため，図 (a) の支配集合と同じにはならない。図 (b) において，$V_s = \{1, 6\}$ と考えた場合，ノード 3，4，5 は V_s に属すいずれかのノードと入力エッジを介して隣接しているが，ノード 2 はノード 1 と 6 のいずれとも隣接していない。例えば，ノード 2 も V_s に加えれば，支配集合を得ることができる。

このような支配ノードはドライバ・ノードと考えることができる。これらのノードに注目すれば，ネットワーク全体を「見渡す（制御する）」ことができると解釈できるからである。事実，支配ノードは，モバイルアドホックネットワー

ク，輸送ルーティング（ネットワーク），コンピュータ通信網などの工学システムの制御で古くから議論されてきた[237),238)]。そのため，支配ノードは生命システム（ネットワーク）の解析においても役立つと期待できる。

さて，どのように支配集合を見つければよいだろうか。定義に基づけば，すべてのノードを含む集合は必ず支配集合になる。つまり，すべてのノードを制御すればネットワーク全体を制御できると解釈されるが，これは現実的でない。前節と同じように，実応用を考えると，最小の支配ノード（ドライバ・ノード）を見つけることが要求される。ネットワーク（グラフ）から最小の支配ノードを見つける問題は支配集合問題と呼ばれる。支配ノードの最小の数は，支配数や最小支配集合サイズと呼ばれる。

支配集合問題は例えば，ノード i が支配ノードである（$\rho_i = 1$）かそうでないか（$\rho_i = 0$）を考え，$\displaystyle\sum_{i=1}^{N} \rho_i$ を最小化する最適化問題として求めることができる[235),236)]。具体的には，次式のような数理（0–1 整数）計画問題を解くことに対応する。

$$\text{最小化} \quad \sum_{i=1}^{N} \rho_i$$

$$\text{制約} \quad \sum_{j=1}^{N} A'_{ij}\rho_j \geq 1$$

$$\rho_i \in \{0,1\}$$

ここで A'_{ij} は，隣接行列 $\boldsymbol{A}$ からその対角成分をすべて 1 にして得られた行列の要素である。つまり，$A'_{ii} = 1$ $(i = 1,\ldots,N)$ であり，ノード j から i へのエッジがあるなら $A'_{ij} = 1$，そうでないなら $A'_{ij} = 0$ である。

あるノード集合が支配集合であるためには，自分自身が支配ノードであるか，あるいは入力エッジを介して少なくとも一つの支配ノードと隣接する必要があるので，$\displaystyle\sum_{j=1}^{N} A'_{ij}\rho_j \geq 1$ という制約が課せられる。

なお，Erdős–Rényi のランダム（無向）ネットワークにおける支配数（あるいは最小のドライバ・ノード数）N_D は近似的に次式のようになることが知ら

れている[273]†。

$$N_D \approx \frac{N}{\langle k \rangle} \left(1 - e^{-\langle k \rangle} \right)$$

構造可制御性（最大マッチング）に基づく最小ドライバ・ノード数の場合（式
(5.3)）と同様に，ノード数 N が大きければ N_D は増えていき，平均次数 $\langle k \rangle$ が
大きければ（つまりエッジの数が多ければ）N_D は減少することを示している。

　支配ノード（ドライバ・ノード）も重要な生体分子を同定するために用いられ
る。例えば，タンパク質相互作用ネットワークを解析した研究[239]では，支配
ノードには必須遺伝子が多く含まれていた。これは，必須遺伝子が生存（生命
システムの維持制御）において重要であることと一致する。それに加えて，が
ん関連遺伝子（がん遺伝子やがん抑制遺伝子）やウイルスの標的タンパク質と
も関連していた。がんは正常細胞の制御が変化することで発生し，その発生を
抑えるための制御はがん抑制遺伝子によってなされる。ウイルスはホストの生
命システムを乗っ取る（制御する）ことで増殖する。これらは，ドライバ・ノー
ドが実際のシステムにおける制御と関わっていることを示唆している。

5.5　ネットワーク可制御性に基づくノード分類

　構造可制御性（最大マッチング）や最小支配集合に基づいて求められるドラ
イバ・ノードはネットワーク解析において役に立つ。しかしながら，解析にお
いて不都合な点もある。それは，最大マッチングや最小支配集合には複数の解
が存在する点である。つまり，ある解において特定の生体分子がドライバ・ノー
ドだとされても，ほかの解においてはそうではないという場合がしばしばある。
最大マッチングや最小支配集合の求め方はアルゴリズムに強く依存するため再
現性を担保するのが難しい。

---

†　厳密にいえば，この式は極大同類である Erdős–Rényi のランダムネットワークに対す
　　るものであるが，この場合にもよい近似になっていることが経験的に知られている。

そのような場合，ネットワーク可制御性に基づくノード分類[240]が役に立つ。これはもともと構造可制御性に基づいて求められるドライバ・ノードに対して提案されたものだが，考え方は最小支配集合に基づいて求められるドライバ・ノードに対しても用いることができる。

ノード分類は，最小ドライバ・ノード数 N_D に基づく。どれがドライバ・ノードであるかは解によって変わるが，最小ドライバ・ノード数は変わらないからである。具体的には，あるノードに注目し，そのノードを削除した場合 N_D がどのように変化したかでノードを分類する。ここでは，構造可制御性に基づいて求められたドライバ・ノードを考え，**図 5.6** に示される例で見ていこう。図において，黒ノードは構造可制御性（最大マッチング）に基づいて求められたドライバ・ノードを意味する。また，破線のノードとエッジは削除されたことを意味する。

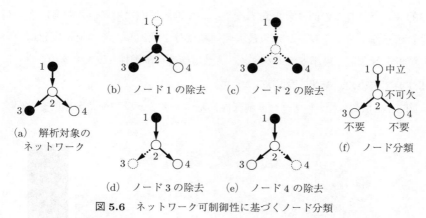

図 5.6 ネットワーク可制御性に基づくノード分類

図 5.6(a) は解析の対象となるネットワークであり，$N_D = 2$ である。このネットワークからノードを一つ取り除き，N_D を再計算する。

ノード 1 を取り除いたネットワーク（図 5.6(b)）においては $N_D = 2$ である。制御すべきノードの数が元のネットワークにおけるそれと変わらないため，これを「中立」と分類する。

ノード 2 を取り除いたネットワーク（図 5.6(c)）においては $N_D = 3$ である。

制御すべきノードの数が元のネットワークにおけるそれよりも多くなっている。そのため，ノード2はネットワークの制御において重要な役割を果たしていると考えられる。そのため，これを「不可欠」と分類する。

　ノード3あるいはノード4を取り除いたネットワーク（それぞれ図5.6(d) と (e)）においては，どちらも $N_D = 1$ である。制御すべきノードの数が元のネットワークにおけるそれよりも少なくなっている。そのため，ノード3とノード4はネットワークの制御においては特に重要でないと考えられる。そのため，これらを「不要」と分類する。

　最終的にノードの分類は図5.6(f) のようになる。

　では実際に，先行研究[240),241)] を参考にし，このノード分類を用いてネットワーク解析を行ってみよう。ここでは，シグナル伝達を反映した有向タンパク質相互作用ネットワーク[242)] を用いて，アメリカ食品医薬品局が承認した薬剤標的タンパク質との関係を調査する。ここでは簡単のために，元の有向タンパク質相互作用ネットワークから最大強連結成分を抽出し，その連結成分について解析を行った。最小ドライバ・ノード数は構造可制御性（最大マッチング）に基づいて求めた。結果を**図5.7** に示す。

　図5.7(a) は，ネットワーク可制御性に基づくノード分類や薬剤標的タンパク

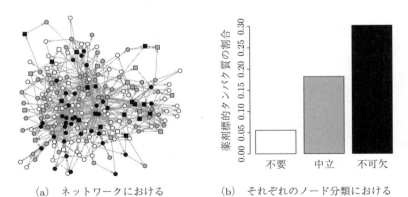

(a)　ネットワークにおける
　　　ノード分類

(b)　それぞれのノード分類における
　　　薬剤標的タンパク質の割合

図5.7　有向タンパク質相互作用ネットワークに対するネットワーク可制御性解析の例

質かどうかでラベルづけされた有向タンパク質相互作用ネットワークが描画されている。ここで，白は不要，灰色は中立，黒は不可欠ノードを表す。また，四角が薬剤標的タンパク質を示す。

それぞれのノード分類における薬剤標的タンパク質の割合を図 5.7(b) に示す。制御に対する重要性は「不要」，「中立」，「不可欠」の順で大きくなる。薬剤標的タンパク質の割合についても，この順で大きくなっている。つまり，より制御に重要なノードが薬剤標的タンパク質になる傾向にあることが示されている。これは薬が治療のためなどに生命システム（ネットワーク）の制御を目的としていることと一致する。

このように，ネットワーク可制御性に基づくノード分類は重要な生体分子を見つけることに役立つ。ほかにも，つぎのような特徴がある[240]。不可欠ノードでは必須遺伝子が多く見つかり，進化的に保存されている。また，修飾を受けやすく，細胞シグナル伝達にも関連する。これらもやはり生命システム（ネットワーク）の制御と関連していることを考えると，このノード分類が有効であることがわかる。

候補推定に関しては，中心性解析（第 4 章）を通しても行うことができるが，ネットワーク可制御性（特に構造可制御性に基づく）解析の場合，力学システムとの関係を明確に考えることができるので，ダイナミクスとの関連を議論しやすいという利点がある。ただ，その解釈においては，特に脳研究分野で論争があり[243]~[245]，理論体系の整備が今後も必要だと考えられる。

6 コミュニティ検出

コミュニティ検出とはネットワークのクラスタリング（クラスタ分析）である。これは，複雑な生物ネットワークを類似した部分ごとに分けることでわかりやすく表現したり，ノード（生体分子など）の機能を推定したりする際によく用いられる。コミュニティ検出と一口にいってもさまざまな手法がある。本章では，生物ネットワーク解析でよく用いられるコミュニティ検出の手法について，基礎から応用までを説明する。

6.1 コミュニティ検出とは

コミュニティ検出（community detection）[246]とはネットワークを，その構造に従って，いくつかのまとまった部分ネットワークに分割することである（**図 6.1**）。この部分ネットワーク（図中の灰色の大きな円）のことを**コミュニティ**（community），あるいはモジュールと呼ぶ。

生物ネットワークを含む現実のネットワークにおいてこのようなコミュニティを見つけ出すことは重要である。なぜなら，生物ネットワークはいくつかの機能モジュールを持つことがしばしばあるからだ。代謝ネットワークを例に挙げよう。**図 6.2** には，KEGG PATHWAY データベース[3]の Glycolysis / Gluconeogenesis（解糖系・糖新生）と Citrate cycle（クエン酸回路）を参考にして手動で作成された代謝化合物ネットワークを示している。なお，図中の省略文字は，G6P：Glucose 6-phosphate，G1P：Glucose 1-phosphate，F6P：Fructose 6-phosphate，F16BP：Fructose 1,6- bisphosphate，GAP：Glycer-

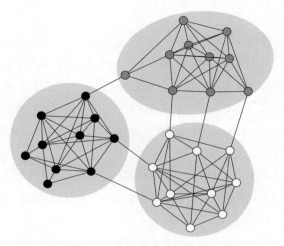

図 6.1 コミュニティ検出の例

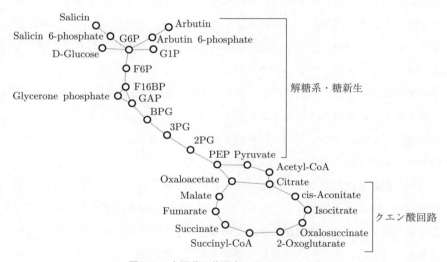

図 6.2 大腸菌の代謝ネットワークの一部

aldehyde 3-phosphate, BPG：1,3-Bisphospho-D-glycerate, 3PG：Glycerate 3-phosphate, 2PG：Glycerate 2-phosphate, PEP：Phosphoenolpyruvate である。つまり，この代謝ネットワークは「解糖系・糖新生」と「クエン酸回路」の二つの代謝経路から構成されている。このような代謝経路はコミュニティの

一種として考えることができる。

コミュニティ検出はクラスタリング（クラスタ分析）と関係がある。クラスタリングとは（高次元の）データ要素をグループ化することであり，機械学習分野においては教師なし学習と深く関連する[247]。ここで，データ要素をノードとして考えれば，コミュニティ検出はクラスタリングの一種であると考えることができる。そのため，コミュニティ検出は**グラフ・クラスタリング**（graph clustering）[248]の文脈でも語られる。

一般的なクラスタリングがデータ解析において役立つように，コミュニティ検出もまたネットワーク解析において役に立つ。具体的には，以下のような局面で使われる。

（**a**）　**ネットワークをわかりやすく記述する**　　生物ネットワークは大規模で複雑である。単にネットワークを描画するだけでは，そのようなネットワークを解釈することは難しい。コミュニティ検出を通すことで，このような複雑なネットワークが解釈しやすい表現に変換され，重要な知見を得ることができる。特に，ネットワークをいくつかのコミュニティに分割することで，ネットワークを粗視化することができる。また，階層的なコミュニティ検出を行えば，コミュニティの階層構造も知ることができる。そのため，ネットワークをあらゆる粗視化レベルでシームレスに理解することができるようになる。事実，このような解析を行うためのツールが開発されている[249]。

（**b**）　**機能を推定する**　　同じコミュニティに属するノードは同じような機能を持っていると期待できる。もし，コミュニティ内に機能の不明なノードが存在する場合，すでに機能がわかっているものからその機能を推定することができる。例えば，タンパク質相互作用ネットワークに基づいて，コミュニティ検出からタンパク質の機能を予測することができる[250]。同様に，タンパク質相互作用ネットワークをクラスタリングすることによって，疾病関連タンパク質を予測するという試みもある[251]。

（**c**）　**ノードの機能を分類する**　　上記の（a）と（b）は一般的なデータ・クラスタリングにおける役割とほぼ同じである。しかしながら，コミュニティ

検出には，一般的なクラスリングにはない，ネットワーク解析ならではの使われ方がある。それがノードの機能分類である。特に，中心性解析（第4章）やネットワーク可制御性解析（第5章）のように重要なノードの特徴づけや推定に役立つ。詳細は，6.4節で説明する。

　本章では，コミュニティ検出の基礎について，上記（a）〜（c）のような視点を踏まえた上で適用事例とともに説明したい。

6.2　ノード間の類似度に基づくコミュニティ検出

　前節で言及したように，コミュニティ検出はクラスタリングの一種である。したがって，単純な例としては既存のクラスタリング手法を用いるアプローチがまず考えられる。ここでは，後の内容との関連性もあり凝集型の階層的クラスタリングを考える。もちろん，ノード間の類似度に基づくコミュニティ検出は，階層的クラスタリングだけでなく，K平均法[247]のような非階層的クラスタリングにも適用できる。

6.2.1　階層的クラスタリング

階層的クラスタリング（hierarchical clustering）とはデータ間の距離（あるいは「非」類似度指標）に基づいて階層的にクラスタリングする手法である[247]。具体的に，凝集型の階層的クラスタリング（**図6.3**）は，すべてのデータがそれぞれ個別のグループに属している状態から始め，最も距離の小さいグループ

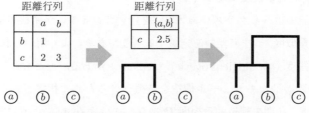

図 **6.3**　凝集型階層的クラスタリングの概念図

の「組み」を一つのグループとして併合する。そして，すべてのデータが一つ
のグループに併合されるまでこのグループの併合を続ける。

　具体例を示そう。図 6.3 では $\{a,\ b,\ c\}$ の三つデータのクラスタリングを考え
ている。初期状態は，すべてのデータが個別のグループに属しているので，グ
ループは三つある（図 6.3 左）。このときの距離行列から，a と b の距離は 1 で，
最も近い（似た）グループの組みであることがわかる。そこで，この a と b を
一つのグループに併合する（図中央）。このとき，グループ間の距離を再計算す
る必要がある。つまり，グループ $\{a,\ b\}$ とグループ c の間の距離である。この
距離の求め方にはいくつかの流儀がある。図に示される例では，群平均法を用
いている。これは，二つのグループに属すそれぞれのデータ間の距離の平均を
用いる手法である。具体的に，$a\text{–}c$ 間の距離は 2 であり，$b\text{–}c$ 間の距離は 3 であ
るので，その平均 $(2+3)/2 = 2.5$ をグループ $\{a,\ b\}$ とグループ c の間の距離
として採用する。ほかにも，データ間で最も距離の小さいものを採用する単連
結法（図の場合，$\{a,\ b\}\text{–}c$ の間の距離は 2 となる）や，データ間で最も距離の
大きいものを採用する完全連結法（図の場合，$\{a,\ b\}\text{–}c$ の間の距離は 3 となる）
などもある。同様にして，つぎはグループ $\{a,\ b\}$ とグループ c を併合して，グ
ループ $\{\{a,b\},c\}$ を得る（図右）。ここで，すべてのデータが一つのグループに
まとめられたので計算が終了する。

　なお，クラスタリングの過程で得られた樹形図はデンドログラム（dendrogram）
と呼ばれ，クラスタリング構造の一つの表現である。

6.2.2　構造的重複度に基づくクラスタリング

　さて，上記のようなクラスリング手法を用いてコミュニティ検出を行う場合，
ノード間の類似度，つまり距離を定義する必要がある。よく用いられるものとし
て**構造的重複度**（topological overlap measure）がある。もともとは，代謝ネッ
トワークの階層的なモジュール構造を特徴づけるために提案された[252]。具体
的に，ノード $i\text{–}j$ 間の構造的重複度 $TOM(i,j)$ は式 (6.1) のように定義される。

$$TOM(i, j) = \frac{|\Gamma(i) \cap \Gamma(j)| + A_{ij}}{\min(k_i, k_j) + 1 - A_{ij}} \qquad (i \neq j \text{ のとき}) \qquad (6.1)$$

ここで，$\Gamma(i)$ はノード i の隣接ノード集合を意味する。なお，$i = j$ の場合，$TOM(i, j) = 1$ である。

また，分母の $1 - A_{ij}$ と分子の A_{ij} はノード i–j 間の隣接関係を考慮するために導入されている。具体的には，同じ数の隣接ノードを共有しているとしても，ノード i–j 間の隣接関係があったほうがより構造的重複度が高くなるように設計されている。例で見てみよう。図 **6.4**(a), (b) では，ノード i と j は同じ数の隣接ノードを共有している。ノード i と j が隣接していない場合（図 (a)）は $TOM(i, j) = 4/5$ であるが，ノード i と j が隣接している場合（図 (b)）は $TOM(i, j) = 5/5 = 1$ となり，より構造的重複度が高くなる。

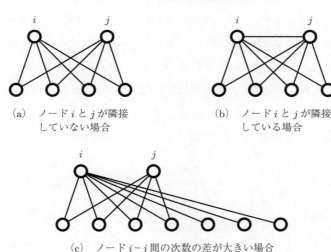

(a) ノード i と j が隣接していない場合

(b) ノード i と j が隣接している場合

(c) ノード i–j 間の次数の差が大きい場合

図 **6.4** 構造的重複度の例

また，分母の $\min(k_i, k_j)$ は類似度がノード間の次数の差に強く影響される問題を避けるために導入されている。こちらも例で見てみよう。図 6.4(a), (c) では，どちらの場合も同じ数の隣接ノードを共有しているため，構造的重複度も同じになる。特に両方の場合において，$TOM(i, j) = 4/5$ である。

なお，$|\Gamma(i)| = k_i$ であることを考えると，式 (6.1) で示される構造的重複度は重複係数（Szymkiewicz–Simpson 係数）のそれとよく似ていることがわかる。二つの集合 X と Y の重複係数は $|X \cap Y| / \min(|X|, |Y|)$ と定義される。つまり，構造的重複度は重複係数のネットワーク版と考えることもできる。

$TOM(i, j)$ は定義から 0 から 1 の範囲をとる。したがって，ノード i–j 間の距離 $d_{TOM}(i, j)$ は次式のように定義することができるだろう。

$$d_{TOM}(i, j) = 1 - TOM(i, j)$$

この距離に基づく階層的クラスタリングを通して，コミュニティ検出を行うことができる。

図 **6.5**(a) に，構造的重複度を用いた場合の階層的クラスタリングに対するデンドログラムを示す。グループ間の距離の計算には群平均法を用いている。図 (b) には，コミュニティが二つになるような場合のコミュニティ検出の結果を示す。図 (b) において，ノードの色がコミュニティを意味する。代謝ネットワークから解糖系・糖新生とクエン酸回路としておおまかに検出できたことがわかる。

なお，式 (6.1) は隣接ノード（つまり長さ 1 の経路で到達できるノード）しか

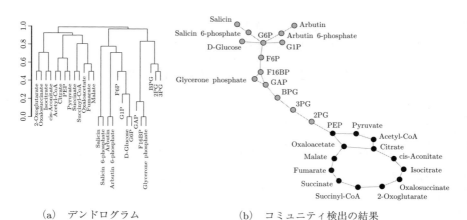

(a)　デンドログラム　　　　　(b)　コミュニティ検出の結果

図 **6.5**　構造的重複度に基づく階層的クラスタリング

考慮しない。隣接ノードの隣接ノードなど，より長い経路で到達できるノードについても考慮すれば，より高次に構造的重複を特徴づけることができると考えられる。Yip と Horvath[253] はこのような高次の構造的重複を考慮するために，構造的重複度（式 (6.1)）を次式のように拡張している。具体的に，ノード i–j 間 m 次の**一般化構造的重複度**（generalized topological overlap measure）$GTOM^{(m)}(i,j)$ は次式のように定義される。

$$GTOM^{(m)}(i,j) = \frac{|\Gamma_m(i) \cap \Gamma_m(j)| + A_{ij}}{\min(|\Gamma_m(i)|, |\Gamma_m(j)|) + 1 - A_{ij}} \qquad (i \neq j \text{ のとき})$$

$i = j$ の場合は $GTOM^{(m)}(i,j) = 1$ である。ここで $\Gamma_m(i)$ は次式のように，ノード i から距離 m 以下の最短経路で到達できる自分自身を除いたノード集合を意味する。

$$\Gamma_m(i) = \{j \neq i \mid d_{SP}(i,j) \leqq m\}$$

つまり，$GTOM^{(1)}(i,j) = TOM(i,j)$ となる。また，$GTOM^{(m)}(i,j)$ は 0 から 1 の範囲をとる。

この一般化構造的重複度を用いることで，より柔軟なコミュニティ検出が可能になる。特に，m が小さい場合は小さなコミュニティの検出に役立ち，m が大きい場合は大きなコミュニティの検出に役立つことが知られている[253]。

6.2.3　そのほかの類似度に基づくクラスタリング

構造的重複度に限らず，そのほかの類似度も考えることができる。あまり，一般的では（研究で使われているところを見たことは）ないが，ノード i–j 間の最短経路の距離 $d_{SP}(i,j)$ をそのまま距離行列として考えてクラスタリングを行うこともももちろんできる。

また，ネットワークの（重み付き）隣接行列をある種の類似度行列としてみなせば，スペクトラルクラスタリング[247] を用いてネットワークをクラスタリングすることもできる。これも代表的なネットワーク・クラスタリング手法の一つである。

近年では，深層学習に基づくアプローチもある。具体的には，DeepWalk や node2vec のようなノード埋め込みを用いるアプローチである（4.8 節も参照）。ノード埋め込みからネットワークの構造を反映する各ノードのベクトル表現を得ることができるため，そのベクトルを用いてクラスタリングすることができる。ただ，このような埋め込みに基づくネットワーク・クラスタリングは，計算量が多いこと，実際のネットワークの解析に適したパラメータセットを事前に知ることができないこと，そしてパラメータ調整をしたとしても性能は高くならないことから，その有効性を疑問視する研究者もいる[254]。

6.3　モジュラリティに基づくコミュニティ検出

前節で示した一般的なクラスタリング手法によるコミュニティ検出を使用する上では，不都合が生じる場合がある。それは「どのコミュニティ分割を採用すればよいのか」判断が難しいということである。具体的に，階層的クラスタリングにおいては階層に応じて，つまり図 6.5(a) で示されるようなデンドログラムをどの閾値でクラスタ化するかによって，異なるコミュニティ分割が得られる。このとき，どの閾値を選択すればよいのだろうか。非階層的クラスタリングについても同様である。例えば，K 平均法ではあらかじめクラスタ（コミュニティ）の数をあらかじめ設定する必要があるが，そのクラスタの数をどのように設定すればよいのだろうか。

もちろん，これは使用者の問題設定に強く依存する点であるし，コミュニティの数を変更できるのは柔軟な分析において役に立つ。しかしながら，クラスタリングにおいてもそうであるように，コミュニティ検出において，適切なコミュニティ分割については指針があったほうが分析する上で都合がよい。

6.3.1　モジュラリティ

Newman と Girvan はこの「適切なコミュニティ分割」の指標として，モジュラリティ（modularity）を提案している[255]。二人の名を冠して，Newman–Girvan

モジュラリティとも呼ばれる。

このモジュラリティは「全辺数に対するコミュニティ内の辺数の割合がより高いほうがよりよいコミュニティ分割である」と考える。言い換えると，図 6.1 で示されるような，「密なサブネットワークどうしが少ない辺でつながる状態」をよいコミュニティ分割と考える。これは，私たちの直感とよく一致するし，前節で言及した構造的重複度から考えても妥当である。密なサブネットワークにおいては，ノードは多くの隣接ノードを共有しており，構造的重複度が高くなる。

具体的に定式化していこう。まず，すべてのコミュニティの集合 $\mathcal{C}$ における，あるコミュニティ $\mathcal{C}_c$ に注目し，そのモジュラリティ Q_c を考える。上記のことを考えると，式 (6.2) のように定義できるだろう。

$$Q_c = \frac{1}{2L} \sum_{i \in \mathcal{C}_c} \sum_{j \in \mathcal{C}_c} A_{ij} \tag{6.2}$$

ここで，$i \in \mathcal{C}_c$ はコミュニティ $\mathcal{C}_c$ に属すノード i を意味する。

しかしながら，式 (6.2) では不十分である。なぜなら，ネットワークにおける辺の数が多い場合，Q_c も大きくなってしまうからである。つまり，式 (6.2) では，ある密なサブネットワークが観測されるのは「意味あるコミュニティが形成されているから」なのか「単にネットワークの辺が多いから」なのかを区別することができない。これを区別するためには，ランダムコントロール，つまりランダムネットワークにおける期待値との比較を行うことが必要となる。具体的に，ここではコンフィギュレーションモデル（3.6 節）を考える。このモデルにおいて，二つのノードの間にあるエッジの本数の期待値は $k_i k_j / [2L]$ である。そこで，式 (6.2) を式 (6.3) のように改変する。

$$Q_c = \frac{1}{2L} \sum_{i \in \mathcal{C}_c} \sum_{j \in \mathcal{C}_c} \left(A_{ij} - \frac{k_i k_j}{2L} \right) \tag{6.3}$$

つまり，実際に観測される隣接関係 A_{ij} から，ランダムネットワーク（コンフィギュレーションモデル）より期待される隣接関係（エッジの本数の期待値）を引いてしまおうという考えである。

式 (6.3) をわかりやすくするために書き直そう。コミュニティ $\mathcal{C}_c$ に属すノードの次数の合計を K_c とすると，$K_c = \sum_{i \in \mathcal{C}_c} k_i$ であるので，$\sum_{i \in \mathcal{C}_c} \sum_{j \in \mathcal{C}_c} k_i k_j = \sum_{i \in \mathcal{C}_c} k_i \sum_{j \in \mathcal{C}_c} k_j = K_c^2$ となる。また，コミュニティ $\mathcal{C}_c$ 内の辺の数は $L_c = \frac{1}{2} \sum_{i \in \mathcal{C}_c} \sum_{j \in \mathcal{C}_c} A_{ij}$ なので，式 (6.3) は式 (6.4) のようにも書ける。

$$Q_c = \frac{L_c}{L} - \left(\frac{K_c}{2L}\right)^2 \tag{6.4}$$

つまり，実際に観測されるコミュニティ内の辺の割合 (L_c/L) からランダムネットワークから期待されるコミュニティ内の辺の割合の期待値 ($K_c/[2L])^2$ を引いた値になっていることがわかる。

これをすべてのコミュニティについて考える。具体的にはすべてのコミュティに対して，Q_c の総和をとった値をモジュラリティ Q として，式 (6.5) のように定義する。

$$Q = \sum_{c=1}^{n_c} \left[\frac{L_c}{L} - \left(\frac{K_c}{2L}\right)^2 \right] \tag{6.5}$$

ここで，n_c はコミュニティの数であり，$n_c = |\mathcal{C}|$ である。$Q = 0$ は現実のネットワークにおけるコミュニティ内の辺数がランダムネットワークから期待されるそれと同じこと（つまりネットワークはランダムである）を意味し，より大きい Q はそのネットワークがより強いコミュニティ構造を持つことを意味する。なお定義上，Q は -0.5 から 1 の範囲をとる。

また，式 (6.5) はしばしば式 (6.6) のようにも書かれる。

$$Q = \frac{1}{2L} \sum_{i=1}^{N} \sum_{j=1}^{N} \left[A_{ij} - \frac{k_i k_j}{2L} \right] \delta(c_i, c_j) \tag{6.6}$$

ここで，$\delta(c_i, c_j)$ はクロネッカーのデルタ関数を意味し，c_i はノード i が属するコミュニティの番号（$c_i = 1, \ldots, n_c$）を意味する。つまり，ノード i と j が同じコミュニティに属しているなら $\delta(c_i, c_j) = 1$，そうでないなら $\delta(c_i, c_j) = 0$

となる。

では，図6.2で示した代謝ネットワークを例題にし，モジュラリティ Q に基づいて最適なコミュニティ分割を求めてみよう。

図6.6(a) には，図6.5(a) のデンドログラムに基づいたコミュニティ分割において得られた，コミュニティ数とモジュラリティ Q の関係を示す。図6.6(a)から見て取れるように，コミュニティ数が4で Q は最大となり，それより大きなコミュニティ数を得るような分割では Q は減少している。

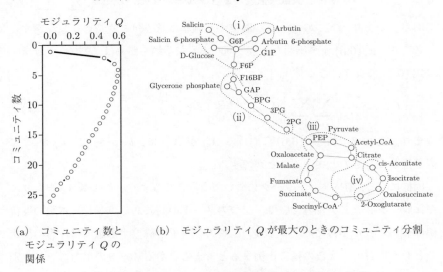

(a) コミュニティ数と　(b) モジュラリティ Q が最大のときのコミュニティ分割
モジュラリティ Q の
関係

図6.6 モジュラリティ Q に基づく最適なコミュニティ分割

図6.6(b) には，モジュラリティ Q が最大（コミュニティ数4）のときのコミュニティ分割を示している。この図において，破線の囲みがコミュニティを意味する。代謝ネットワークがおおよそ，さまざまな糖の取り込み部分 (i)，解糖系・糖新生 (ii)，クエン酸回路の酸化側 (iii)，クエン酸回路の還元側 (iv)に分割されていることがわかる。

6.3.2 重み付きネットワークや有向ネットワークにおけるモジュラリティ

式 (6.6) は無向ネットワークに対するモジュラリティである。ネットワークは

重み付きである場合や有向である場合もある。このような場合はどんなモジュラリティを使えばよいのだろうか。これはランダムネットワーク（コンフィギュレーションモデル）から期待される隣接関係を書き直すことで対応することができる。

　無向の重み付きネットワークの場合，コンフィギュレーションモデルの文脈で，二つのノードの間にあるエッジの重みの期待値は $s_i s_j / [2L_W]$ と書ける。ここで，s_i はノード i の重み付き次数（強度）を意味する。また，$L_W = \sum_{i=1}^{N-1} \sum_{j=i+1}^{N} W_{ij}$ である。つまり，二つのノードが隣接する確率は重み付き次数の積に比例すると考える。式 (6.6) を導出したときと同じような手順を踏めば，モジュラリティは式 (6.7) のようになる[246]。

$$Q_w = \frac{1}{2L_W} \sum_{i=1}^{N} \sum_{j=1}^{N} \left[W_{ij} - \frac{s_i s_j}{2L_W} \right] \delta(c_i, c_j) \tag{6.7}$$

つまり，式 (6.7) は，式 (6.6) における A_{ij} が W_{ij} に，k_i が s_i に，k_j が s_j に置き換わったものと捉えることができる。

　同様にして，有向ネットワークについても考えてみよう。この場合，コンフィギュレーションモデルの文脈で，二つのノードの間にあるエッジの本数の期待値は $k_i^{\mathrm{in}} k_j^{\mathrm{out}} / L$ と書ける。つまり，二つのノードが隣接する確率は片方の出次数ともう片方の入次数の積に比例すると考える（あるノードの出力エッジを別のノードの入力エッジにつなげないといけないからである）。なお，式 (6.6) と比較すると分母の 2 が消えていることがわかる。これは，有向ネットワークなので，$\sum_{i=1}^{N} \sum_{j=1}^{N} A_{ij} = L$ となるからだ。さて，これも，式 (6.6) を導出したときと同じような手順を踏めば，モジュラリティは式 (6.8) のようになる[246]。

$$Q_d = \frac{1}{L} \sum_{i=1}^{N} \sum_{j=1}^{N} \left[A_{ij} - \frac{k_i^{\mathrm{in}} k_j^{\mathrm{out}}}{L} \right] \delta(c_i, c_j) \tag{6.8}$$

つまり，式 (6.8) は，式 (6.6) における次数が，入次数と出次数に置き換わったものと捉えることができる。

　なお，有向ネットワークのモジュラリティは 2 部ネットワークのモジュラリ

ティ[256]としても使える。有向ネットワークにおいては，エッジに向きがあるので，各ノードを出力側と入力側の二つのノードに分ければ2部ネットワークとして表すことができるからである（5.3節も参照）。

このように，ランダムネットワークから期待される隣接関係をどのように記述するかで，さまざまなタイプのネットワークのモジュラリティを定義することができる。

6.3.3 モジュラリティ最大化問題としてのコミュニティ検出

6.3.1項ではモジュラリティ Q を階層的クラスタリングにおける最適なコミュニティの数（分割）を見つけるために用いた。しかしながら，モジュラリティ Q をよいコミュニティ分割の尺度とするならば，この Q が最大となる分割を，古典的なクラスタリング手法ではなく，最適化手法を用いて見つけるアプローチも考えることができる。ここでは，そのような最適化手法を用いたコミュニティ検出について述べたい。

具体的には，式 (6.6) を考えれば，モジュラリティ最大化問題は Q が最大となるような割り当て c_i $(i = 1, \ldots, N)$ を求める問題とみなすことができる。Q の最大値を求めるためにはどれだけの c_i の割り当てを考えればよいのだろうか。

N 個のノードで構成されるネットワークを n_c 個のコミュニティに分割する際，可能な割り当て数 $\mathcal{J}(N, n_c)$ は第2種スターリング数を用いて次式のように記述される[257]。

$$\mathcal{J}(N, n_c) = \frac{1}{n_c!} \sum_{i=0}^{n_c} (-1)^i \binom{n_c}{i} (n_c - i)^N$$

コミュニティ数は 1 から N まで考えることができる。つまり，最大モジュラリティ Q を見つけるために検証する，可能な割り当て数 $\mathcal{B}_N$ は，式 (6.9) のように記述される。

$$\mathcal{B}_N = \sum_{n_c=1}^{N} \mathcal{J}(N, n_c) = \sum_{n_c=0}^{N-1} \mathcal{B}_{n_c} \binom{N-1}{n_c} \tag{6.9}$$

なお，$\mathcal{B}_N$ は N 番目のベル数を意味する。

式 (6.9) から，可能な割り当て数は膨大であることがすぐにわかる。例えば，ノードが 3 個なら可能な割り当て数は $\mathcal{B}_3 = 5$ であり，Q が最大となる割り当てを総当たりで求めることができる。ノードが 10 個なら $\mathcal{B}_{10} = 115\,975$ で，確かに多いが，計算機を使えば Q が最大となる割り当てを総当たりで求めることは難しくないだろう。しかしながら，ノードが 30 個なら $\mathcal{B}_{30} > 10^{23}$ で，60 個なら $\mathcal{B}_{60} > 10^{59}$ となり，総当たりで解を求めるのは難しいことがわかる。このような場合，なんらかの近似手法が必要となる。こうした難しいタスクを近似的に解くための手法はたくさんあり，それらの手法がモジュラリティ最大化の文脈で用いられている。これに関してはいくつかの書籍（例えば文献 26)）ですでに詳しく述べられているが，ここではそのうちよく用いられる代表的なものについて概説したい。

（**1**）**貪 欲 法**　上記のように，大きなネットワークにおいて，モジュラリティ最大化に基づくコミュニティ検出は計算時間がかかることが予想される。データ分析を行う上では，高速で解を得たいという欲求があるだろう。最適化問題を高速に計算する場合は，**貪欲法**（greedy algorithm）を考える場合が多い。貪欲法とは，局所的に状態を検討し，評価値の高い状態を採択していきながら近似解を得るという戦略をとる。具体的に，コミュニティ検出の貪欲アルゴリズムは，つぎのような過程で Q 値最大となる割り当てを見つける（**図 6.7**；点線がコミュニティを意味する）。貪欲アルゴリズムにはいくつかのバージョンがあり，Newman 法[258]，Clauset–Newman–Moore 法[259]，Louvain 法[260]などが挙げられる。計算手順やデータ構造の取り扱いの違いから計算速度に違いはある[260]ものの，上記の貪欲的な戦略を採用しているという点では同じである。

まず，すべてのノードは異なるコミュニティに属するとする（図 6.7 の初期状態）。このときの Q を計算しておく。

つぎに，エッジを一つ選択し，その端点を（もし異なるコミュニティに属しているなら）同じコミュニティに属させる（図 6.7 の第 1 段階）。これをすべての

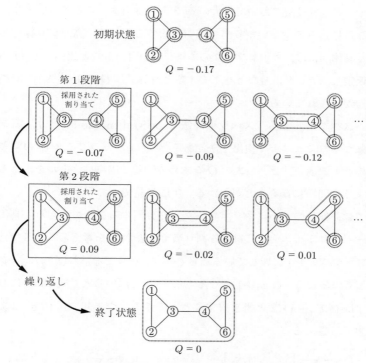

図 6.7 貪欲法に基づくコミュニティ検出の概念図

エッジについて行い、そのときの Q を計算しておく。図 6.7 の場合、エッジは7本なので、合計七つの割り当てとその割り当てから算出される Q が得られる。このとき、最も Q の大きい割り当てを採択し、同様の過程を繰り返していく。

具体的につぎの段階では、前の段階で採択された割り当てを初期状態として、先ほどと同様に、エッジを一つ選択し、その端点を同じコミュニティに属させる（図 6.7 の第 2 段階）。これをすべてのエッジについて行う。このとき、最も Q の大きい割り当てを採択し、つぎの段階の初期状態にする。

この過程をすべてのノードが一つのコミュニティに属すまで繰り返す（図 6.7 の終了状態）。

この過程の中で、最も大きかった Q を（近似的に）最大の Q とし、その割り当てを得る。

このように，各段階において最大の Q のみに注目することで（つまり，Q が最大となる見込みの少ない割り当てを切り捨てることで）高速な計算を実現している。具体的には，ネットワークのエッジ数がノード数と比例する（$L \propto N$）ことを仮定し，データ構造などを工夫すると計算量は $O(N \log^2 N)$ まで小さくなることが知られている[259]。

（2）スペクトル法　スペクトル法（spectral method）とは，固有ベクトルに基づくコミュニティ検出手法である[261]。モジュラリティ Q の定義（式(6.6)）を少し書き直すと，最大の Q を求める問題は固有ベクトルを求めることと同じような問題になることがわかる。実際に見ていこう。

ここでは，簡単のためにネットワークを 2 分割することを考える。具体的には，ノードのコミュニティに対する割り当てを表す ζ_i を考える。ここで，ノード i がコミュニティ 1 に属しているなら $\zeta_i = 1$，そうでなければ（コミュニティ 2 に属しているなら）$\zeta_i = -1$ となる。この ζ_i を用いると，式(6.6)における $\delta(c_i, c_j)$ は $(\zeta_i \zeta_j + 1)/2$ と書き直すことができる。つまり，式(6.6)は次式のように書き直される。

$$Q = \frac{1}{4L} \sum_{i=1}^{N} \sum_{j=1}^{N} \left[A_{ij} - \frac{k_i k_j}{2L} \right] (\zeta_i \zeta_j + 1) = \frac{1}{4L} \sum_{i=1}^{N} \sum_{j=1}^{N} \left[A_{ij} - \frac{k_i k_j}{2L} \right] \zeta_i \zeta_j$$

この式における 2 番目の等式は $\sum_{j=1}^{N} [A_{ij} - k_i k_j/(2L)] = 0$ から導かれる。ここで，$J_{ij} = A_{ij} - k_i k_j/(2L)$ とすると，上式は次式のように書き直される。

$$Q = \frac{1}{4L} \sum_{i=1}^{N} \sum_{j=1}^{N} J_{ij} \zeta_i \zeta_j = \frac{1}{4L} \boldsymbol{\zeta}^\top \boldsymbol{J} \boldsymbol{\zeta}$$

このとき，最大の Q となる $\boldsymbol{\zeta}$ を厳密に求めることは難しいが，$\boldsymbol{J}$ の最大固有値 λ_1 に対応する固有ベクトル $\boldsymbol{v}_1$ を用いて推定することができる。なぜなら，$\lambda_1 = \boldsymbol{v}_1^\top \boldsymbol{J} \boldsymbol{v}_1$ となるからである。具体的には，ζ_i の最適解を次式のように推定することができる。

$$\zeta_i = \text{sign}[\boldsymbol{v}_1(i)]$$

ここで，$v_1(i)$ は v_1 の i 番目の要素である。

さて，ネットワークを 3 分割以上にする場合にはどうしたらよいだろうか。最も単純な方法は，この 2 分割を繰り返していく方法である。具体的には，すでにあるコミュニティ（サブネットワーク）のうち，分割されたときにさらに Q が高くなるほうのコミュニティを 2 分割するという方法である。もちろん，この方法には議論の余地があり，ほかにもさまざまな手法が提案されている。詳しくは別の総説[246]や書籍[26]を参照してほしい。

このように，スペクトル法ではネットワークを各段階で最大の Q となるような分割を得ることで高速な計算を実現している。具体的には，エッジ数がノード数と比例する（$N \propto L$）ことを仮定すると，平均的な計算量は $O(N^2 \log^2 N)$ になることが知られている[261]。

（3）焼きなまし法　焼きなまし法 (simulated annealing) は最適化問題を解く上で強力なアルゴリズムであり，モジュラリティ最大化の文脈で，コミュニティ検出にも使われている[262]。焼きなまし法は，貪欲法と同じように，局所的な探索を行う。しかしながら，状態（コミュニティ検出の場合，割り当て）を探索する方法が貪欲法とは異なる。貪欲法のように単純に，評価値（コミュニティ検出の場合は Q）がより大きくなる状態のみを採択する場合，探索が一方向に偏ってしまい局所最適解を得やすくなってしまう。そこで，焼きなまし法では確率的な操作を導入することで，この問題を避ける。

具体的には，ある割り当て $c_i^{(0)}$（$i = 1, \ldots, N$）と，その割り当てを少し変更した割り当て $c_i^{(1)}$（$i = 1, \ldots, N$）を考える。それらの割り当てから得られるモジュラリティをそれぞれ，Q_0 と Q_1 とする。このとき，次式で表される確率 p で割り当て $c_i^{(1)}$ を採択する。

$$
p = \begin{cases} 1 & (Q_1 > Q_0) \\ \exp\left(\dfrac{Q_1 - Q_0}{T}\right) & (Q_1 \leqq Q_0) \end{cases}
$$

つまり，$Q_1 > Q_0$ なら $c_i^{(1)}$ を必ず割り当て $c_i^{(1)}$ を採択する。しかしながら，$Q_1 < Q_0$ であったとしても，確率 p で割り当て $c_i^{(1)}$ を採択する（逆にいえば，

確率 $1-p$ で割り当ては $c_i^{(0)}$ のままになる)。こうすることによって，幅広い割り当てを探索することができるようになる。そこで，重要になってくるのが温度パラメータ T である。これは計算初期では比較的大きめに設定され，計算が進むにつれて徐々に小さくしていく。これは金属を熱した後で徐々に冷却することにより，より最適な原子配置を得る（欠陥を減らす）という「焼きなまし」を模したアルゴリズムである。具体的に論文 262) では，$T \leftarrow 0.995 \times T$ と更新している。そして，この過程を終了条件が満たされるまで繰り返す。つまり，計算初期ではある割り当ての近傍をほぼランダムに探索するが，計算の後期では探索の範囲を Q がより大きくなる方向だけに限定する。

　さて，重要になるのはどのようにして割り当てを変更するかである。これはきわめてヒューリスティクスであり，さまざまなバリエーションを考えることができるが，元の割り当てから「わずかに変更して」もう一つの割り当てを得ることが重要である。二つの割り当て（状態）が大きく異なると，近傍探索ではなくなってしまうからだ。具体的に論文 262) では，変更の割合 f_{SA} をパラメータとして，二つの変更を考えている。一つは，単一ノードの割り当ての変更であり，あるコミュニティに属すノードを別のコミュニティ（具体的には，隣接ノードが属すコミュニティ）に変更する。もう一つはコミュニティ単位の変更であり，二つのコミュニティを融合させる，もしくは二つのコミュニティに分割することを考えている。

　焼きなまし法の計算時間はパラメータ（温度の下げ方，割り当てを変更する方法，変更の割合 f_{SA}）に強く依存する。ただ，一般に貪欲法やスペクトル法よりは計算コストの高いことが知られている[246]。

（４）　そのほかの手法　　最適化問題を解くための計算手法はほかにもさまざまあり，これらの計算手法に基づくコミュニティ検出手法が多く提案されている。本書ではそれらすべてに言及することはできないが，それらはすべてモジュラリティ最大化問題だということを念頭に置いてもらえれば，それらの手法を容易に理解できるだろう。例えば，数理計画法[263]，遺伝的アルゴリズム[264]，

粒子群最適化法[265]などの最適化手法を用いたコミュニティ検出手法がある。

では けっきょくのところ，どれを使えばよいのだろうか。それぞれの手法には利点と欠点がある。目的と状況に応じて選択することが重要である。基準になるのは計算時間（とにかく速く計算したい）と最適性（より最適な解を得たい）だろう。総説 246) ではコミュニティ検出の多くの手法について，計算時間と検出精度の視点から比較している。

計算時間の観点からは，貪欲法が選ばれるだろう。なお，前述の三つのアルゴリズムのうち，計算時間が短いものから順に並べると，貪欲法，スペクトル法，焼きなまし法となる。最適性の観点からは，焼きなまし法が選ばれるだろう。なお，この三つのアルゴリズムのうち，精度の高い順に並べると，焼きなまし法，スペクトル法，貪欲法になる。ただこれらの結果は，あるベンチマークを用いた検証から得られた結論なので，データセットが異なる場合，順位は異なる場合がある。

6.3.4 ネットワーク間でのモジュラリティの比較

最適化手法などを通して得られた最大の Q（ここで Q^* とする）は，そのネットワークのモジュール性を表すネットワーク指標として用いることができる。ネットワークのモジュール性は，そのネットワークによって表現されているシステムの頑健性[266]，環境適応性[267]~[270]，安定性[84],[271]などと関連していると考えられており，ネットワーク解析においてしばしば注目される指標である。

このような解析を行う場合，複数のネットワークの Q^* を比較する必要がある。しかしながら，3.6 節で紹介したように，ネットワーク指標は次数分布に影響される。もちろん，Q^* も例外ではない。例えば，次数が二項分布に従う Erdős–Rényi のランダムネットワークを考えた場合，Q^* は次式のようになることが知られている[272]。

$$Q^*_{\mathrm{ER}} \approx \left(1 - \frac{2}{\sqrt{N}}\right)\left(\frac{2}{\langle k \rangle}\right)^{2/3}$$

そのため，複数のネットワークの Q^* を比較する場合は，3.8 節で取り上げたような，次数分布が同じであるランダムネットワークの集団から得られる Q^* の平均 $\bar{Q}^*_{\text{null}}$ を用いて標準化することが多い。ここで，実際のネットワークから得られた Q^* を Q^*_{real} とし，実際の研究で用いられるいくつかの標準化の方法を見てみよう。

単純なものとしては，比に基づく標準化[84] が挙げられる。具体的には，$Q^*_{\text{real}}/\bar{Q}^*_{\text{null}}$ とする。

また，Z スコアに変換するという標準化を用いる場合もある[273]~[275]。つまり，$Z_{Q^*} = (Q^*_{\text{real}} - \bar{Q}^*_{\text{null}})/\sigma_{Q^*_{\text{null}}}$ である。ここで，$\sigma_{Q^*_{\text{null}}}$ はランダムネットワークの集団から得られた Q^* の標準偏差である。これは線形モデルによる回帰分析を行う場合などに役に立つ。

値を 0 から 1 の範囲にしたいのであれば，次式のような標準化も考えられる[16),267),276),277]。

$$Q_m = \frac{Q^*_{\text{real}} - \bar{Q}^*_{\text{null}}}{Q^*_{\text{max}} - \bar{Q}^*_{\text{null}}}$$

ここで，Q^*_{max} は n_c 個のコミュニティを持つさまざまなネットワークに対して考えうる最大の Q^* に対応する。これはコミュニティの個数が Q^* に与える影響についても補正を行うことができるため，便利である。

なお，そのような考えうる最大の Q^* は，ノード数が同じである独立した（たがいにつながっていない）n_c 個の完全グラフで構成されるネットワークから得られる[278),279]。このとき，それぞれの完全グラフにおいて，エッジ数 l は $l = L/n_c$ であり，ノードの次数の合計は $2l$ となる。式 (6.5) より，次式を得る。

$$Q^*_{\text{max}} = n_c \left[\frac{l}{L} - \left(\frac{2l}{2L} \right)^2 \right] = n_c \left(\frac{1}{n_c} - \frac{1}{n_c^2} \right) = 1 - \frac{1}{n_c}$$

ここで，n_c は実際のネットワークから得られたコミュニティの数を設定すればよい。

6.3.5 モジュラリティ最大化に基づくコミュニティ検出の限界

6.3.3項では，モジュラリティ Q をよいコミュニティ分割の尺度とし，コミュニティ検出を，Q を評価値とした最適化問題として解いた。最適化問題を解くためのさまざまなアプローチを考えることができる（その一部は同項で示した）ため，これからも多くのモジュラリティに基づくコミュニティ検出手法が提案されていくだろう。しかしながら，モジュラリティは本当にコミュニティ分割に最適な尺度なのだろうか。いくら高度な最適化手法を使ったとしても，評価値が適切でなければ問題だ。本項では，モジュラリティの問題点について説明し，それに基づくコミュニティ検出の限界を示す。

モジュラリティ Q はその定義上，解像度限界[246),279)] という問題があることが知られている。端的にいえば，小さなコミュニティを見逃してしまう問題である。この例は図 **6.8** で示されるようなコミュニティ併合による Q の変化から示すことができる。図において，破線の囲みがコミュニティを意味し，コミュニティに対応する 3 ノードの完全グラフが円環上につながったネットワークを考える。ここで，コミュニティは複数あり，隣り合うコミュニティは 1 本のエッジで結ばれているものとする。このとき，ネットワークにおける二つのコミュニティ（図 6.8(a) におけるコミュニティ $\mathcal{C}_X$ と $\mathcal{C}_Y$）に注目し，それらを併合して一つのコミュニティにすることを考える（図 (b) におけるコミュニティ $\mathcal{C}_{XY}$）。

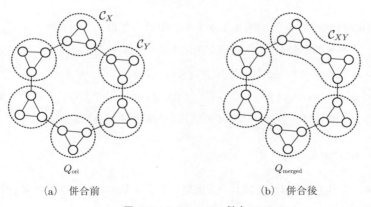

|(a) 併合前|(b) 併合後|

図 **6.8** コミュニティ併合

コミュニティ併合前と併合後のモジュラリティをそれぞれ Q_{ori} と Q_{merged} とする。

ここで，モジュラリティの変化量 $\Delta Q = Q_{\mathrm{merged}} - Q_{\mathrm{ori}}$ を考える。式 (6.5) に従えば，コミュニティ $\mathcal{C}_{XY}$ に対するモジュラリティから，コミュニティ $\mathcal{C}_X$ と $\mathcal{C}_Y$ に対するモジュラリティをそれぞれ引くことで求められる。つまり，$\Delta Q = Q_{XY} - Q_X - Q_Y$ となり，具体的には式 (6.10) のようになる。

$$\Delta Q = \left[\frac{L_{XY}}{L} - \left(\frac{K_{XY}}{2L} \right)^2 \right]$$
$$- \left[\frac{L_X}{L} - \left(\frac{K_X}{2L} \right)^2 \right] - \left[\frac{L_Y}{L} - \left(\frac{K_Y}{2L} \right)^2 \right] \tag{6.10}$$

ここで，$K_{XY} = K_X + K_Y$ である。また，l_{XY} をコミュニティ $\mathcal{C}_X$ と $\mathcal{C}_Y$ をつなぐエッジの数とすると，$L_{XY} = L_X + L_Y + l_{XY}$ である。したがって，式 (6.10) は次式のように書き直される。

$$\Delta Q = \frac{1}{L} \left(l_{XY} - \frac{K_X K_Y}{2L} \right)$$

つまり，コミュニティの見逃しが起こる（$\Delta Q > 0$ となり，コミュニティ併合後のほうがより大きいモジュラリティを持つ）条件は式 (6.11) のようになる。

$$l_{XY} > \frac{K_X K_Y}{2L} \tag{6.11}$$

式 (6.11) の条件を言い換えてみよう。簡単のために，図 6.8 で示したような，n ノードの完全グラフ n_c 個が円環上につながったネットワークで考えてみる。このようなネットワークにおいては，$L = n_c n(n-1)/2 + n_c$ であり，$K_X = K_Y = n(n-1) + 2$ である。また，$l_{XY} = 1$ である。したがって，式 (6.11) に基づけば，コミュニティの見逃しが起こる条件は次式のようになる。

$$n_c > n(n-1) + 2$$

これは，このネットワークにおいて検出できるコミュニティのサイズ（n）には限界があることを意味する。

このようなコミュニティ検出の解像度限界が問題になるかどうかは解析の目的に依存する。多くの場合，コミュニティ検出はネットワークをわかりやすく粗視化したいなどの目的で，大きなコミュニティを得る場合がほとんどである。そのため，この解像度限界が致命的な問題になることはないだろう。それでも，ネットワーク解析を行う上でこのような限界があることを知っておくことは重要である。

6.3.6 そのほかのコミュニティ分割指標

前項ではモジュラリティ最大化に基づくコミュニティ検出の解像度限界を示した。これは，コミュニティ検出を最適化問題として解く場合，最適化アルゴリズムだけではなく，評価値（つまり，コミュニティ分割の尺度）についても考える必要があることを意味する。このような解像度限界をできるだけ回避するためにはどうしたらよいだろうか。いくつかの代替的な評価値が提案されているのでここで紹介したい。

（1） 解像度調整パラメータ付きモジュラリティ そもそも，モジュラリティ Q でこのような解像度限界の問題が生じるのはランダムコントロール（つまり，ランダムネットワークから得られるコミュニティ内の辺の密度の期待値）との比較を行うからである（例えば，式 (6.3) を参照）。大きなコミュニティは，たとえコミュニティ内の辺の密度がさほど高くなくても，ランダムネットワークにおいてそれが形成される確率は低いため，過大評価される傾向にある。そこで，このランダムコントロールに対して調整パラメータを適用することで，解像度限界をコントロールすることを考える。これは解像度調整パラメータ付きモジュラリティ[280] として知られ，具体的には，式 (6.6) を改変し次式のように定義される。

$$Q_{\mathrm{res}} = \frac{1}{2L} \sum_{i=1}^{N} \sum_{j=1}^{N} \left[A_{ij} - \gamma_Q \frac{k_i k_j}{2L} \right] \delta(c_i, c_j)$$

ここで，γ_Q が解像度調整パラメータである。なお，$\gamma_Q = 1$ で，オリジナルのモジュラリティ（式 (6.6)）と同等になる。大きな γ_Q（$\gamma_Q > 1$）を考えること

で，疎なコミュニティに対してより高いペナルティを与えるという戦略である。

具体的には，Q_{res} を用いる場合に，コミュニティの見逃しが起きる条件は，式 (6.11) を導出したときと同じ手順で，次式のように求められる。

$$l_{XY} > \gamma_Q \frac{K_X K_Y}{2L}$$

したがって，γ_Q を大きく（$\gamma_Q > 1$ に）設定すれば，小さなコミュニティの見逃しを避けることができる。逆に，γ_Q を小さく（$\gamma_Q < 1$ に）設定すれば，コミュニティの見逃しを許し，大きなコミュニティを検出することができる。ただ，γ_Q の設定については経験的であり，使いづらいという課題が残される。

（2）モジュラリティ密度　　6.3.1 項でも説明したように，「密なサブネットワークどうしが少ない辺でつながる状態」をよいコミュニティ分割と考える。この場合，コミュニティ内の辺の数は，コミュニティ間をつなぐ辺の数よりも多い。そこで，Li ら[281] は「コミュニティにおける内部次数の平均と外部次数の平均の差」からコミュニティ分割を特徴づける**モジュラリティ密度**（modularity density）を提案している。具体的には，コミュニティ $\mathcal{C}_c$ における内部次数の平均を $\langle k^{\mathrm{inner}} \rangle_c$，外部次数の平均を $\langle k^{\mathrm{outer}} \rangle_c$ とすると，モジュラリティ密度は式 (6.12) のように定義される。

$$D_Q = \sum_{c=1}^{n_c} \left[\langle k^{\mathrm{inner}} \rangle_c - \langle k^{\mathrm{outer}} \rangle_c \right] \tag{6.12}$$

ここで

$$\langle k^{\mathrm{inner}} \rangle_c = \frac{1}{|\mathcal{C}_c|} \sum_{i \in \mathcal{C}_c} \sum_{j \in \mathcal{C}_c} A_{ij}, \qquad \langle k^{\mathrm{outer}} \rangle_c = \frac{1}{|\mathcal{C}_c|} \sum_{i \in \mathcal{C}_c} \sum_{j \in V \setminus \mathcal{C}_c} A_{ij}$$

である。なお，$V \setminus \mathcal{C}_c$ はコミュニティ $\mathcal{C}_c$ に「属さない」すべてのノードの集合を意味する。

式 (6.12) は単純であるが，解像度限界の問題は起きにくいことが知られている[281]。図 6.8 と同じように，n ノードの完全グラフ n_c 個が円環上につながったネットワークを考え，コミュニティ併合前と併合後のモジュラリティ密度（それぞれ，D_Q^{ori}，D_Q^{merged} とする）を比較してみよう。

コミュニティ併合前では，すべてのコミュニティにおいて，$\langle k^{\mathrm{inner}} \rangle_c = n-1$ であり，$\langle k^{\mathrm{outer}} \rangle_c = 2/n$ であるので，$D_Q^{\mathrm{ori}} = n_c(n-1-2/n)$ である。

一方，コミュニティ併合後，二つのコミュニティが併合してできたコミュニティ $\mathcal{C}_{XY}$ において，$\langle k^{\mathrm{inner}} \rangle_{XY} = [(2n-2)(n-1)+2n]/[2n]$ であり，$\langle k^{\mathrm{outer}} \rangle_{XY} = 2/[2n]$ である。そのほか $(n_c - 2)$ 個のコミュニティにおいては，$\langle k^{\mathrm{inner}} \rangle_c$ と $\langle k^{\mathrm{outer}} \rangle_c$ はコミュニティ併合前と同様である。したがって，$D_Q^{\mathrm{merged}} = (n_c - 2)(n-1-2/n) + [(2n-2)(n-1)+2n-2]/[2n]$ である。

このとき，$\Delta D_Q = D_Q^{\mathrm{merged}} - D_Q^{\mathrm{ori}} = 1 + 4/n - n$ である。この式から，$n > (1+\sqrt{17})/2 \simeq 2.57$ においては $\Delta D_Q < 0$ であることがわかる。つまり，$n \geq 3$ において，コミュニティの見逃しは起こらない。ただ，これはこのモデルケースに限定された結論であり，別のケースではモジュラリティ密度にも，コミュニティ検出の解像度限界の問題が依然として存在することが明らかにされている[282]。

そのため，解像度調整パラメータ付きモジュラリティと同様に，調整パラメータを導入することでこの問題を回避することが考えられている[281]。具体的に，この解像度調整パラメータ付きのモジュラリティ密度 D_Q^{res} は次式のように定義される。

$$D_Q^{\mathrm{res}} = \sum_{c=1}^{n_c} \left[2\gamma_{D_Q} \langle k^{\mathrm{inner}} \rangle_c - 2(1 - \gamma_{D_Q}) \langle k^{\mathrm{outer}} \rangle_c \right]$$

ここで，γ_{D_Q} が解像度調整パラメータである。$\gamma_{D_Q} = 1/2$ で，オリジナルのモジュラリティ密度（式 (6.12)）と同等になる。

このように，モジュラリティ密度に関しても，指標そのものの拡張を含め，コミュニティ検出手法の開発が進んでいる[282]～[284]。

6.4 機能地図作成

コミュニティ検出はクラスタリングの一種であり，本章の冒頭で述べたように，複雑なネットワークをわかりやすく表現すること，機能を推定することに役

立つ。しかしながら，これらは一般的なクラスタリングにもいえることである。コミュニティ検出の特徴的な使われ方の一つとして**機能地図作成**（functional cartography）が挙げられる。機能地図作成とは，検出されたコミュニティに従ってノードを分類することである[262]。ノードは検出されたコミュニティと次数に応じて，つぎのように分類できるだろう（**図 6.9**）。なお，図において，破線の囲みがコミュニティを意味する。

- 周辺ノード：コミュニティ内の比較的次数の低いノード
- コミュニティ内のハブ：コミュニティ内で次数の高いノード
- コネクタ：次数は比較的低いが，複数のコミュニティとつながるノード
- コネクタハブ：コミュニティをつなぐ次数の高いノード

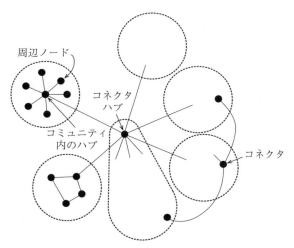

図 **6.9** 機能地図作成の概念図

　生物ネットワークにおいて，コミュニティは機能モジュールに対応している。つまり，機能地図作成を通すことで次数だけでは特徴づけることのできない役割を同定できると考えられる。同じハブといっても，複数のコミュニティ（機能モジュール）に関わるコネクタハブと，単一のコミュニティに関わる機能モジュール内のハブとでは，その重要性は異なると考えられる。コネクタハブが欠損した場合のほうが，全体のネットワークにより強い影響が及ぶことが考えら

れる。また，次数が小さいノードでも，一つのコミュニティに属しているノード
と，複数のコミュニティをまたぐノードとでは役割が違うはずである。4.5.1 項
（近接中心性）や 4.6 節（媒介中心性）で述べたように，次数が小さくても異なる
サブネットワークを橋渡しするノードはボトルネックであると考えることがで
きる。このような中心性指標ではどれがボトルネックかまでは判別できなかっ
たが，機能地図作成を通すことでそのようなノードを同定することができる。

ノードの分類は**標準化コミュニティ内次数**（within-module degree）[†]と**加入
係数**（participation coefficient）に基づく。

標準化コミュニティ内次数はコミュニティ内におけるノード次数の傾向を特
徴づける。それぞれのコミュニティにおける接続性は異なっており，例えば図
6.9 に示されるように，ほぼ同じ次数のノードで構成されるようなコミュニティ
もあれば，明確なハブが存在するようなコミュニティもあるだろう。このよう
なコミュニティにおけるハブは，そのコミュニティ（機能モジュール）で重要
な役割を果たすと考えられる。標準化コミュニティ内次数はそのようなノード
を見つけるのに役立つ。

単純に考えると，そのようなハブを見つけるには同じコミュニティに属す別
ノードにつながるエッジ数（つまりコミュニティの内部次数）を見ればよいだろ
う。本節では，コミュニティ $\mathcal{C}_c$ に属すノード i の内部次数を κ_i と表す。なお，
$\kappa_i = \sum_{j \in \mathcal{C}_c} A_{ij}$ である。しかしながら，単純にこの内部次数を用いるだけでは不
十分だ。各コミュニティではエッジの密度が違うからである。そこで，この内
部次数を Z 値を用いて標準化（エッジ密度で補正）することを考える。この標
準化された内部次数が，ノード i の標準化コミュニティ内次数 z_i^κ であり，具体
的には式 (6.13) のように定義される。

$$z_i^\kappa = \frac{\kappa_i - \langle \kappa \rangle}{\sigma_\kappa} \tag{6.13}$$

[†] 本書では，検出されたサブネットワークをコミュニティと呼ぶので，それに合わせた和
訳にした。また，内部次数との混同を避けるため「標準化」を加えた。

ここで $\langle \kappa \rangle$ は，コミュニティにおける内部次数 κ の平均である[†]。具体的には，$\langle \kappa \rangle = |\mathcal{C}_c|^{-1} \sum_{j \in \mathcal{C}_c} \kappa_j$ である。また，σ_κ は $\mathcal{C}_c$ に対する内部次数の標準偏差である。つまり標準化コミュニティ内次数はコミュニティ内における相対的な尺度を表しており，$z_i^\kappa > 0$ （$z_i^\kappa < 0$）ならコミュニティ内においてノード i は平均 $\langle \kappa \rangle$ より大きな（小さな）次数を持つことを意味する。

一方，加入係数はあるノードがどれだけ多様なコミュニティとつながっているかを表す指標である。つまり多様性指標の一種であり，生態学における多様性指標の一つであるシンプソン指数に基づいて定義される。具体的に，ノード i の加入係数 P_i^{comm} は式 (6.14) のように定義される。

$$P_i^{\mathrm{comm}} = 1 - \sum_{c=1}^{n_c} \left(\frac{\kappa_{ic}}{k_i} \right)^2 \tag{6.14}$$

ここで，κ_{ic} はノード i からコミュニティ $\mathcal{C}_c$ に属すノードにつながるエッジ数を意味し，k_i はノード i の次数を表す。

式 (6.14) からわかるように，ノード i が同じコミュニティに属すノードのみにつながっている場合，加入係数は最小となり，$P_i^{\mathrm{comm}} = 0$ となる。逆に，ノード i からのエッジがすべて異なるコミュニティに属すノードにつながっている場合，加入係数は最大となり，$P_i^{\mathrm{comm}} = 1 - 1/k_i$ となる。加入係数は次数にも影響されることがわかる。具体的には，ハブの加入係数は大きくなりやすい。

標準化コミュニティ内次数と加入係数に基づいてノードは分類されるが，この分類にはいくつかの種類がある（図 **6.10**）。

最も単純なものは Olesen–Bascompte–Dupont–Jordano 分類[285]である（図 6.10(a)）。具体的にノードはつぎのように分類される。

- 周辺ノード：$z_i^\kappa \leqq 2.5$ かつ $P_i^{\mathrm{comm}} \leqq 0.62$
- コネクタ：$z_i^\kappa \leqq 2.5$ かつ $P_i^{\mathrm{comm}} > 0.62$
- コミュニティ内のハブ：$z_i^\kappa > 2.5$ かつ $P_i^{\mathrm{comm}} \leqq 0.62$
- コネクタハブ：$z_i^\kappa > 2.5$ かつ $P_i^{\mathrm{comm}} > 0.62$

[†]　ここでは，式 (6.12) とは異なる記号を用いた。ここではコミュニティに関する情報が必要なく，κ_i と表記を合わせるためである。

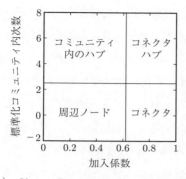

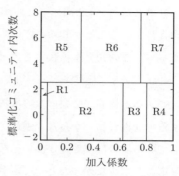

(a) Olesen − Bascompte − Dupont − Jordano 分類

(b) Guimerá − Amaral 分類

図 6.10 標準化コミュニティ内次数 z_i^κ と加入係数 P_i^{comm} に基づくノード分類
（機能地図作成）

もう少し複雑な分類として，Guimerá–Amaral 分類[262]がある（図 6.10(b)）。
なお，この分類がオリジナルであり，Olesen–Bascompte–Dupont–Jordano 分
類はこの Guimerá–Amaral 分類を簡略化したものである。具体的にノードは
つぎのように分類される。

- 超周辺ノード：$z_i^\kappa < 2.5$ かつ $P_i^{\text{comm}} < 0.05$（図 6.10(b) の R1）
- 周辺ノード：$z_i^\kappa < 2.5$ かつ $0.05 \leq P_i^{\text{comm}} < 0.625$（図 (b) の R2）
- コネクタ：$z_i^\kappa < 2.5$ かつ $0.625 \leq P_i^{\text{comm}} < 0.8$（図 (b) の R3）
- 無縁（kinless）コネクタ：$z_i^\kappa < 2.5$ かつ $P_i^{\text{comm}} \geq 0.8$（図 (b) の R4）
- コミュニティ内のハブ：$z_i^\kappa \geq 2.5$ かつ $P_i^{\text{comm}} < 0.3$（図 (b) の R5）
- コネクタハブ：$z_i^\kappa \geq 2.5$ かつ $0.3 \leq P_i^{\text{comm}} < 0.75$（図 (b) の R6）
- 無縁（kinless）ハブ：$z_i^\kappa \geq 2.5$ かつ $P_i^{\text{comm}} \geq 0.75$（図 (b) の R7）

さて，これらのノード分類と生物学的な特性にはどのような関係があるのだろ
うか。多くの事例が報告されているが，ここでそのうちのいくつかを紹介したい。

代謝化合物ネットワークのノード分類と進化的な保存度には関連性があるこ
とが知られている[262]。具体的に，コネクタやコネクタハブはそのほかの分類
のノードよりも進化的な保存度が高い（生物間で共通して存在している）。次数

中心性のところ（4.2 節）でも述べたが，次数が高い代謝化合物は普遍的な代謝化合物であることが知られている。しかしながら，機能地図作成を通すことによって，この知見を拡張することができる。具体的に，次数が高くても単一のコミュニティ（機能モジュール）に属す代謝化合物の重要度（進化的保存度）は低い。ある機能が必要のない環境では，それに対応する機能モジュールは消失する可能性が高いからだ。逆に，次数が小さくても複数のコミュニティに関係している場合は重要度が高い。複数の機能に関わる代謝化合物はたとえ関わる反応の数が少なかったとしても利用不可能になれば，生命システムに重大な影響を与えるだろう。このため，保存されやすくなると考えられる。

生態系ネットワーク（具体的には送粉ネットワーク）での適用事例[285]では，このようなコネクタやコネクタハブに該当する生物種は生態系にとって重要であるため，優先的に保護することが提案されている。コネクタやコネクタハブの生物種が絶滅するとネットワーク（つまり生態系）が連鎖崩壊（ともに絶滅）する可能性が高いからである。

脳ネットワークではコネクタハブが認知において重要な役割を果たしていることが知られている[286]。例えば，小児期発症の統合失調症は，脳ネットワークにおけるコネクタハブである脳領域の接続が変化することによって，機能モジュールの構成が大きく変化したことに関連すると指摘されている。また，コネクタハブの脳領域に局所性脳損傷が起こると，脳ネットワーク全体のモジュール構造が崩壊することが知られている[287]。一方，コミュニティ内のハブの脳領域に局所性脳損傷が起きたとしても，そのようなモジュール構造の変化は見られない。

このように，機能地図作成はネットワークのモジュール構造とそれに埋め込まれたノードの役割を明確にし，さまざまな生物学的な洞察を与えてくれる。

6.5　コミュニティの重複を考慮する場合

本章の前節までは，一つのノードは一つのコミュニティのみに属すことを考えた。つまり，図 6.11(a) で示されるように，コミュニティは重複しない。な

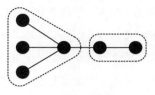

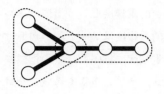

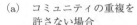

(a) コミュニティの重複を
許さない場合

(b) コミュニティの重複を
許す場合

図 6.11 コミュニティ検出の種類

お，図において，破線の囲みがコミュニティを意味する。

しかしながら，現実のネットワークを考えるとこの制約は不便である。例えば，図 6.2 で示した代謝化合物ネットワークを考えた場合，特定の代謝物が異なる代謝経路（コミュニティ）に属することがある。ピルビン酸は代謝化合物ネットワークにおいては重要な代謝物であり，KEGG データベースに基づけば，解糖系・糖新生に属すとともに，クエン酸回路にも属している。このような場合，図 6.11(b) で示されるように，コミュニティの重複を考慮する必要がある。

コミュニティの重複を考慮したコミュニティ検出は単純な拡張で実現することができる。エッジを基準にしてコミュニティ検出すればよいのである。ノードを基準にしてコミュニティ検出をした場合は，各ノードはそれぞれ一つのコミュニティにしか属すことができない（図 6.11(a)）。エッジを基準にしてコミュニティ検出をした場合は，各エッジは一つのコミュニティにしか属すことができない。しかしながら，あるノードが異なるコミュニティに属すエッジとつながっている場合，そのノードはそれら異なる複数のコミュニティに属していると考えることができる（図 (b)）。

もちろんこのためには，コミュニティ検出の指標に改良を加えていく必要がある。いくつかの手法が存在するので以下で紹介したい。

6.5.1 エッジ間の構造的重複度に基づく手法

6.2 節ではノード間の類似度に基づくコミュニティ検出を説明した。具体的に

は，構造的重複度という指標に基づいた階層的クラスタリングを紹介した。この構造的重複度はノード間の類似性を表す指標であったが，これをエッジ間の構造的重複度に拡張し，その指標に基づく階層的クラスタリングを用いることでコミュニティの重複を考慮したコミュニティ検出を可能にしている[288]。

　具体的に，エッジ間の構造的重複度を見ていこう。これは，ノード h を共有する二つのエッジ e_{ih} と e_{jh} に対して計算される。なお，コミュニティ内のネットワークの連結性を担保するため，ノードを一つも共有しないエッジ間に類似性はないと考える。これらエッジ間の構造的重複度 $S^{\mathrm{edge}}(e_{ih},e_{jh})$ は，ノード間の構造的重複度（式 (6.1)）と同じように，ノード i の隣接ノードの集合 $\Gamma(i)$ に基づいて，次式のように定義される。

$$S^{\mathrm{edge}}(e_{ih},e_{jh}) = \frac{|\Gamma(i) \cap \Gamma(j)|}{|\Gamma(i) \cup \Gamma(j)|}$$

これは単純なジャッカード係数であり，0 から 1 の範囲をとる。したがって，エッジ e_{ih} と e_{jh} の距離 $d_{S^{\mathrm{edge}}}$ は，$d_{S^{\mathrm{edge}}} = 1 - S^{\mathrm{edge}}(e_{ih},e_{jh})$ とし，この距離に基づく階層的クラスタリングを通して，コミュニティ検出を行うことができる。

　しかしながら，6.2 節の場合と同様に，どのコミュニティ分割を採用すればよいのかという問題が生じる。したがって，モジュラリティ Q のような分割のよさを表す尺度を定義する必要がある。Ahn ら[288] はこのために分割密度 D^e を提案している。ネットワークが n_c 個のコミュニティに分割されているとして，あるコミュニティ c の分割密度 D^e_c は次式のように定義される。

$$D^e_c = \frac{L_c - (N_c - 1)}{N_c(N_c - 1)/2 - (N_c - 1)}$$

ここで，L_c はコミュニティ c に属するエッジ数であり，N_c はコミュニティ c に属するノード数である。この指標は，L_c を N_c 個のノード間に張られるエッジの最小値と最大値で補正したものと捉えることができる。コミュニティにおいて，それぞれのエッジはたがいに少なくとも一つのノードを共有しているので，L_c の最小値は $N_c - 1$ に対応する。最大値は $N_c(N_c - 1)/2$ に対応する。ただし，$N_c = 2$ の場合は $D^e_c = 0$ とする。最終的な分割密度 D^e は，D^e_c をコ

ミュニティ内に存在するエッジ数 L_c で重みづけて平均化することで，次式の
ように求められる。

$$D^e = \frac{2}{n_c} \sum_{c=1}^{n_c} L_c \frac{L_c - (N_c - 1)}{(N_c - 2)(N_c - 1)}$$

この分割密度 D^e が最大となる分割を選択することでコミュニティを検出する。

図 6.2 で示した代謝化合物ネットワークを例として，エッジ間の構造的重複度
$S^{\mathrm{edge}}(e_{ik}, e_{jk})$ を用いた場合のコミュニティ検出を行う。**図 6.12** には，エッジ
間の構造的重複度に基づく階層的クラスタリングを示す。グループ間の距離の
計算には群平均法を用いている。図 6.12(b) において，破線の囲みがコミュニ
ティを意味する。F6P や Succinate などの代謝化合物が複数のコミュニティに
属していることがわかる。

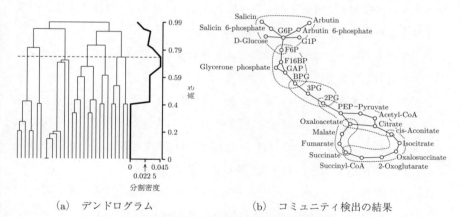

(a) デンドログラム (b) コミュニティ検出の結果

図 6.12 エッジ間の構造的重複度に基づく階層的クラスタリング

6.5.2 モジュラリティ最大化に基づく手法

6.3.3 項で説明したようにモジュラリティ最大化問題として，重複を考慮した
場合のコミュニティ検出も行うことができる。前述の D^e を使うことも考えら
れるが，ここでは Becker ら[289)] が用いたコミュニティの重複を考慮したモジュ
ラリティ Q^o を考えてみる。これは，オリジナルのモジュラリティ Q をわずか

に変更するだけである。具体的には，Q^o は式 (6.15) のように定義される。

$$Q^o = \frac{1}{2L} \sum_{i=1}^{N} \sum_{j=1}^{N} \left[A_{ij} - \frac{k_i k_j}{2L} \right] \delta^o(i,j) \tag{6.15}$$

式 (6.6) からの変更点は $\delta(c_i, c_j)$ の代わりに $\delta^o(i,j)$ を用いていることである。$\delta^o(i,j)$ はコミュニティへの割り当てを表す変数であり，ノード i と j が少なくとも一つの共通のコミュニティに属しているなら $\delta^o(i,j) = 1$，そうでないなら $\delta^o(i,j) = 0$ となる。適当な最適化手法を用いて，この Q^o を最大化させるような割り当てを見つけることで，重複を考慮したコミュニティ検出を行うことができる。

Becker ら[289] は Overlapping Cluster Generator と名づけられた貪欲法を提案している。そのアルゴリズムは図 6.7 に示したものと考え方は同じで，ノードとエッジの役割を入れ替えたものと捉えることができる。具体的には，つぎの手順を踏む。

1. すべてのエッジは異なるコミュニティに属するとする。このときの Q^o を計算しておく。

2. ノードを共有する二つのエッジを（もし異なるコミュニティに属しているなら）同じコミュニティに属させる。これをすべてのノードを共有する二つのエッジについて行い，そのときの Q^o を計算しておく。このとき，最も Q の大きい割り当てを採択する。

3. この過程をすべてのノードが一つのコミュニティに属すまで繰り返す。

この過程の中で，最も大きかった Q^o を（近似的に）最大の Q^o とし，その割り当てを最終的な結果とする。

このように，各段階において最大の Q^o のみに注目することで（つまり，Q^o が最大となる見込みの少ない割り当てを切り捨てることで）高速な計算を実現している。

図 6.2 で示した代謝化合物ネットワークを例として，Overlapping Cluster Generator を用いたコミュニティ検出を行う。図 **6.13** に，その検出結果を示す。図において，破線の囲みがコミュニティを意味する。PEP や Succinate な

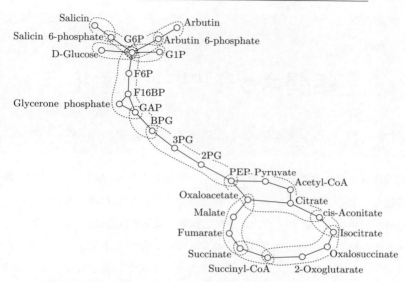

図 6.13 Overlapping Cluster Generator を用いたコミュニティ検出

どの代謝化合物が複数のコミュニティに属していることがわかる。

　重複を考慮したコミュニティ検出を用いることで，ノードに割り当てられた複数のラベルを推定することができるようになる[288]。また，それだけではなく，重複を考慮したコミュニティ検出はネットワークにおいて重要なノードを発見することにも役立つ。例えば，代謝化合物ネットワークにおいて，複数のコミュニティと重複する代謝化合物は，水や ATP といった代謝にとって不可欠なものであることも知られている[288]。また，タンパク質相互作用ネットワークから多機能性タンパク質を推定するのにも役立つ[289],[290]。コミュニティは一つの機能モジュールと考えることができるため，複数のコミュニティに属すようなタンパク質は複数の機能を有していると考えることができるからだ。これは機能地図作成（6.4 節）におけるコネクタやコネクタハブに対応している。重複を考慮したコミュニティ検出はコミュニティ間の関係を理解する有効な手法の一つである。

7 相関ネットワーク解析

相関ネットワーク解析は，オミクス（多変量）データからネットワーク構造を推定し，その構造をネットワークの視点から解析するために用いられる。幅広い分野で用いることができ，未知相互作用の発見や機能推定などで役に立つ。データの相関に基づいて相互作用を推定するのが基本であるが，データの種類や性質，そして解析の目的によってさまざまな手法が提案されている。本章では，そのような相関ネットワーク解析について説明する。

7.1 相関ネットワーク解析とは

計測技術の発展によって，遺伝子から微生物まで，さまざまな種類の横断的なオミクスデータを取得できるようになってきた。健康な人や特定の疾患を持つ患者の集団からそれぞれ得られた遺伝子発現量データなどが例として挙げられる。これらのオミクスデータから，要素（生体分子や微生物）がどのように関係しているか，また，それらの関係性が二つの集団でどのように異なるのかを調査することは，生物システムや疾病のメカニズムの理解において重要である。

相関ネットワーク解析（correlation network analysis）とは，このような多変量データからそれらの変数のネットワーク構造（関係性）を推定し，その構造を解析するために用いられる。特に，適用範囲が広いのが特徴であり，相関ネットワーク解析は，トランスクリプトームデータ（マイクロアレイや RNA-seqデータ）からの遺伝子ネットワーク推定[291]，プロテオームデータ（質量分析データ）からのタンパク質相互作用ネットワーク推定[292]，メタボロームデータ

（質量分析データ）からの代謝ネットワーク推定[293]，マイクロバイオームデータ（16S rRNA 遺伝子シークエンスやメタゲノミクスデータ）からの微生物共起ネットワークの推定[105],[294],[295] などに用いられている。

　相関ネットワーク解析はノード（例えば，遺伝子）間の制御関係やノードの機能などの推定に役に立つ[296]。特に，機能未知である遺伝子が多い植物[296],[297]や，機能の特徴づけが難しい微生物生態系[105],[294] などでの応用が盛んである。

7.2　相関ネットワーク解析の基本

　では，どのようにしてネットワーク構造（関係性）を推定するのだろうか。相関ネットワーク解析の基本は「相関ネットワーク解析」という名前が指し示すとおり相関に注目することである（**図 7.1**）。図 7.1(a) には変数 x_1 から x_5 のペアプロットが示されている。例えば，2 行 1 列目のプロットは x_1 と x_2 の散布図を，3 行 2 列目のプロットは x_2 と x_3 の散布図を示す。図 (a) を見ると，x_1 と x_3 の間には正の関係があり，促進的な相互作用があると示唆される。一方が増加するともう一方が増加するからである。また，x_2 と x_4 の間には負の関係があり，抑制的な相互作用があると示唆される。一方が増加するともう一

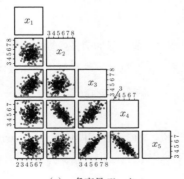

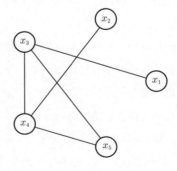

(a)　多変量データ　　　　　(b)　(a) の相関から推定された
　　　　　　　　　　　　　　　　　ネットワーク構造

図 7.1　相関ネットワーク解析の概念図

方が減少するからである。相関ネットワーク解析ではこのように相互作用の種類についても考えることができる。この手順を繰り返していき，最終的なネットワーク構造を推定する（図 7.1(b)）。

では，相関を示すかどうかはどのようにして判断すればよいだろうか。最も単純な方法は，相関係数やそれに対応する p 値を計算する（つまり相関検定を行う）方法である。

相関ネットワーク解析においてよく用いられる代表的な相関係数は**ピアソンの積率相関係数**（Pearson's product-moment correlation coefficient）である。変数 x_i と x_j のピアソンの積率相関係数 $\mathrm{Cor}(x_i, x_j)$ は式 (7.1) のように定義される。

$$\mathrm{Cor}(x_i, x_j) = \frac{\mathrm{Cov}(x_i, x_j)}{\sqrt{\mathrm{Var}(x_i)\mathrm{Var}(x_j)}} \tag{7.1}$$

ここで，$\mathrm{Cov}(x_i, x_j)$ は x_i と x_j の共分散であり，$\mathrm{Cov}(x_i, x_j) = \langle x_i x_j \rangle - \langle x_i \rangle \langle x_j \rangle$ である。$\mathrm{Var}(x_i)$ と $\mathrm{Var}(x_j)$ はそれぞれ x_i と x_j の分散を意味し，共分散の標準化のために導入されている。したがって，$\mathrm{Cor}(x_i, x_j) \in [-1, 1]$ である。つまり基本的に，相関ネットワーク解析は多変量データから共分散の構造を推定するものと考えることができる。また，式 (7.1) からもわかるように，$\mathrm{Cor}(x_i, x_j) = \mathrm{Cor}(x_j, x_i)$ である。つまり，相関ネットワークは無向ネットワークとして表される。

しかしながら，ピアソンの積率相関係数は一般に線形関係の程度を表すものであり非線形の場合には適していない。また，ピアソンの積率相関係数は偏差の正規分布を仮定しているため，外れ値に強く影響される。このような場合，代替的な相関係数が用いられる。

よく用いられる相関係数としては**スピアマンの順位相関係数**（Spearman's rank correlation coefficient）が挙げられる。これはピアソンの積率相関係数の特殊ケースに相当する。具体的には，二つの変数の値をそれぞれ順位づけし，その順位に対する積率相関係数に対応する。スピアマンの順位相関係数は，このような順位を活用することで，データに非線形性や外れ値がある場合におい

ても使用することができる。

　ただ，非線形性といっても，スピアマンの順位相関係数が考慮することのできるのは，二つの変数の関係が単調増加あるいは単調減少である場合のみである。二つの変数に円環状や正弦曲線のような関係がある場合には使用することができない。このような非線形性が生物学的にどのような意義があるのかについては議論の余地があるが，それはともかくとしてそのような非線形な関連性を検出するためには**最大情報係数**（maximal information coefficient; MIC）[298]のような指標も考えることができる。MIC は，二つの変数の散布図をグリッドに分割し，相互情報量が最も高くなるような分割の組合せを探索することで求められる。グリッドに分割された散布図を考えるので，それが円環状や正弦曲線様であったとしても関係性を検出できるというわけである。

7.3　相関ネットワークの閾値化

　さて，どの指標を用いてもそうだが，最終的にネットワーク構造を得るためには，指標に閾値を設ける必要がある。つまり，指標がどの程度大きければ（あるいは小さければ）関係性があるとみなすか，という基準である。

　ネットワーク解析においてはこのような閾値化（2 値化）を考えたほうが便利である場合が多い。ネットワーク構造を明確に描画することができるし，多くの解析手法はこのような 2 値化されたネットワークを前提としているからである。

　この閾値の設定は重要である。なぜなら，閾値の設定によってネットワーク構造が大きく変わってしまう場合があるからである。では，どのように閾値を設定すればよいのだろうか。大きく分けて以下の 2 種類の方法がある。

7.3.1　p 値による閾値化
　一つは相関係数に対応する p 値を基準にするというものである。どの p 値をもって統計的有意性を結論づけるかという問題は残されるものの，閾値の与え方に対して統計的な妥当性を与えることができる。

単純に考えれば，任意の変数間の相関係数に対する p 値に基づき，伝統的によく用いられている基準（例えば，$p < 0.05$ や $p < 0.01$）で，閾値化することが考えられる。しかしながら，このような単純な設定には注意が必要である。なぜなら，相関検定が繰り返し行われているからである。具体的には，変数（ノード）の数が N である場合，$[N(N-1)/2]$ 回の統計検定を行っていることになる。このように複数回検定を行うことを**多重検定**（multiple testing）という。このような多重検定においては，第一種過誤（偽陽性）が多く観測されることが知られている[247]。つまり，相互作用はないのに相互作用ありと判定されてしまう場合が多くなる。これは多くの場合で問題になる。

この問題を避けるためには，多重検定補正（p 値の補正）が必要である。**Bonferroni 補正**（Bonferroni correction）は単純であるが，得られた p 値を検定の繰り返し回数 $N(N-1)/2$ で補正する（割る）ため，ネットワークが大きい場合，基準としては厳しすぎる場合がある。そこで，**false discovery rate**（関係性なしと判断すべきところを関係性ありと判断した割合の期待値）を制御する **Benjamini–Hochberg 法**（Benjamini–Hochberg method）などが考えられる。事実，この多重検定補正は相関ネットワーク解析において多く用いられている[299], [300]。

ただ，Benjamini–Hochberg 法においてはすべての検定が独立する（例えば，p 値の分布が一様分布に従う）という仮定がある。しかしながら，相関ネットワークの場合，この仮定が成り立っているとは言いがたい。関係性がある場合（対立仮説）とない場合（帰無仮説）が偏って混在するからである。そのため，このような状況を考慮することができるように改良された **local false discovery rate** を用いることも考えられている[301]。

7.3.2　相関係数による閾値化

もう一つは相関係数を基準にするというものである。p 値はサンプル数が多くなるにつれて小さくなる傾向にあり，基準としては相関係数の 2 乗のような効果量に注目したほうが都合がよい場合もある。では，どのように閾値を決定す

ればよいだろうか。経験的に閾値を決定する研究が多いが，理論的に閾値を決定する手法がいくつか提案されている。ここでは代表的な二つの手法を紹介したい。

（**1**）**ランダム行列理論に基づく閾値化**　　ランダム行列理論（random matrix theory）とは，乱数で割り振られた要素で構成される行列を取り扱う理論[302]である。ランダム行列はさまざまな普遍的性質を持ち，その性質を利用することで，統計物理学や材料科学において，対象となるシステム（行列）に埋め込まれたシステム固有の非ランダムな性質をランダムノイズと区別することができる。そのため，ランダム行列理論はノイズ除去の文脈でしばしば用いられる。これを応用して，ネットワーク推定の基準となる相関係数行列 $\boldsymbol{R}$ からランダムノイズ（つまり，多重検定によって過大評価されているような弱相関部分）を取り除くことを考える[303]~[305]。

ここで，$\boldsymbol{R}$ のように $N \times N$ の実数の対称行列から得られた固有値を考える。ただし，$\lambda_N \geq \lambda_{N-1} \ldots \geq \lambda_2 \geq \lambda_1$ であるとする。ある固有値の最近傍間隔 $b_\lambda^{(i)}$ は $\lambda_{i+1} - \lambda_i$ $(i = 1, \ldots, N-1)$ であり，ここで最近傍間隔の平均値 $\langle b_\lambda \rangle$ で標準化された最近傍間隔 $d_\lambda^{(i)} = b_\lambda^{(i)} / \langle b_\lambda \rangle$ を考える。

このとき，行列の固有値の最近傍間隔の分布 $P(d_\lambda)$ は，最近傍固有値の間に相関がある場合，次式で示されるようなガウス直交アンサンブル（Wigner–Dyson 分布）に従うことが知られている。

$$P(d_\lambda) = \frac{\pi d_\lambda}{2} \exp\left(-\frac{\pi}{2} d_\lambda^2\right)$$

この場合，この行列にはランダムノイズが含まれていることを意味する。最近傍固有値間の相関は行列における局所的な性質を反映するからである。

一方，最近傍固有値の間に相関がない場合，$P(d_\lambda)$ は式 (7.2) のような指数分布に従うことが知られている。

$$P(d_\lambda) = \exp(-d_\lambda) \tag{7.2}$$

この場合，行列には弱相関に対応するランダムノイズは含まれていないことを意味する。つまりこのような行列は真のネットワーク構造を反映していると考えることができる。

そこで，相関係数行列から弱相関部分を取り除き，$P(d_\lambda)$ が指数分布に従う行列を得ることを考える。さまざまな方法[305] を考えることができるが，論文304) ではつぎのような手順で行列を得ている。

1. 相関係数行列 $\boldsymbol{R}$ を考える。ここで R_{ij} は変数 x_i と x_j の相関係数に対応するが，種類は問わない。ピアソンの積率相関係数，スピアマンの順位相関係数，MIC などさまざまな相関係数を考えることができる。

2. 閾値の初期値 r_c を設定する。論文304) では経験的に $r_c = 0.3$ と設定されている。

3. 閾値 r_c を用いて，弱相関部分を削除した行列 $\boldsymbol{S}$ を得る。ここで，$\boldsymbol{S}$ は次式のように定義される。

$$S_{ij} = \begin{cases} |R_{ij}| & (\text{もし } |R_{ij}| > r_c \text{なら}) \\ 0 & (\text{そうでないなら}) \end{cases}$$

ここで，相関係数の絶対値を考えているが，これは必須ではない。この理論では負の相関係数も考慮することができる。絶対値を考えているのは，簡単のために相関係数の符号を無視するという解析上の都合によるものである。

4. $\boldsymbol{S}$ の固有値の最近傍間隔の分布 $P(d_\lambda)$ を求める。

5. 得られた $P(d_\lambda)$ と指数分布（式 (7.2)）との一致度を測る。一致度の測り方はさまざまなものを考えることができるが，ここでは，二つの確率分布が異なるものであるかどうかを調べるためによく用いられる**コルモゴロフ–スミルノフ（KS）検定**（Kolmogorov–Smirnov test）を考える。KS 検定統計量は，得られた $P(d_\lambda)$ と指数分布との解離度を意味する。

6. もし，KS 検定統計量が十分小さければ（$P(d_\lambda)$ が指数分布に従うことが確認されれば）計算を終了し，$\boldsymbol{S}$ を出力する。そうでなければ，閾値を増加させて，手順3に戻る。論文304) では $r_c \leftarrow r_c + 0.01$ と更新している。

最終的に，得られた $\boldsymbol{S}$ を2値化して隣接行列 $\boldsymbol{A}$ を得る。つまり，もし $S_{ij} > 0$

なら $A_{ij} = 1$, そうでないなら $A_{ij} = 0$ とする。

相関係数行列における弱相関部分は偽陽性（前述したように，相互作用はないのに相互作用があると判定されてしまう場合）に対応する。したがって，ランダム行列理論に基づく閾値化を行うことで推定されたネットワークにおける偽陽性を避けることができる。

（2）次数分布に基づく閾値化　　上記のランダム行列理論に基づく手法と比較するとやや理論的な妥当性に欠けるが，ネットワークの統計的な指標を基準として閾値 r_c を決定する手法[306]もある。2.1.5 項でも述べたように，現実の生物ネットワークの次数はべき分布に従うことが経験的に知られている。つまり，そのような「現実的な」ネットワーク構造が得られるような閾値がもっともらしいという考え方である。具体的にはつぎのような手順で求められる。

1. 相関係数行列 $\boldsymbol{R}$ を考える。
2. 閾値の初期値 r_c を設定する。小さい値が好ましく，例えば，$r_c = 0.3$ などと設定する。
3. 閾値 r_c を用いて，次式のように $\boldsymbol{R}$ から隣接行列 $\boldsymbol{A}$ を得る。

$$A_{ij} = \begin{cases} 1 & （もし |R_{ij}| > r_c なら） \\ 0 & （そうでないなら） \end{cases}$$

4. この隣接行列 $\boldsymbol{A}$ から次数分布 $P(k)$ を計算する。
5. 得られた $P(k)$ とべき分布との一致度を測る。論文 306) では，最小二乗法によるべき分布（関数）へのカーブフィッティングに対する決定係数 R^2 を用いているが，KS 検定を用いてもよいだろう。
6. もし，一致度が十分高ければ（$P(k)$ がべき分布に従うことが確認されれば）計算を終了し，$\boldsymbol{A}$ を出力する。そうでなければ，閾値を増加させて（例えば，$r_c \leftarrow r_c + 0.01$ のように），手順 3 に戻る。

これもランダム行列理論に基づく手法と同じように弱相関部分を排除することで，推定されたネットワークにおける偽陽性を避けることができる。しかしながら，$P(k)$ のべき乗則の仮定を受け入れることについては議論の余地があ

る。次数分布のべき乗則についてはその普遍性に対する批判[130] があるからである。

7.4 重み付き相関ネットワーク解析

前節では相関ネットワーク（特に，7.3.2 項では相関係数行列）を閾値化することで隣接行列を得た。これは，前節の冒頭で説明したように，ネットワーク解析をしやすくするためである。しかしながら，このような閾値化には問題が残る。大きく分けて二つである。

一つは閾値化の恣意性である。前節で紹介した手法のように，閾値の選択にはある程度の妥当性を与えることができるものの，最終的な閾値の選択は解析者に委ねられる。特に，閾値によってネットワーク構造が大きく変わる場合があり，結果の頑健性が保証されない場合がある。多くの研究では，結果の頑健性を示すために，複数の閾値を試して結果が大きく変わらないかどうかを検証するが，これは必ずしもスマートなやり方とはいえないだろう。

もう一つは情報の欠落である。閾値化するため，相関係数や p 値の情報は欠落してしまう。例えば，相関係数（の絶対値）の閾値を 0.7 と決めれば，相関係数（の絶対値）が 0.69 となる変数間に関係性はないことになってしまう。このような関係性を本当に無視してよいのだろうか。

単純に考えれば，相関係数行列を重み付きネットワークの隣接行列としてみなして解析すれば，これらの問題を回避することができるように思える。しかしながら，相関係数行列をそのまま使ってしまうと偽陽性が多く観測される問題が残る。

では，偽陽性を避けながら，相関の情報を保持してネットワーク解析を行うためにはどのようにしたらよいだろうか。一つのアプローチとして**重み付き相関ネットワーク解析**（weighted correlation network analysis）[306] が提案されている。この手法は 7.3.2 項の (2) で紹介した手法と関連がある。この前述の

手法は，重み付き相関ネットワーク解析の特殊ケースに対応する。

7.3.2 項では相関係数行列における弱相関部分を排除するため，閾値 r_c を設けてそれ以下の要素を 0 と置き換えたが，重み付き相関ネットワーク解析では，式 (7.3) に示されるように，R から重み付きネットワークの隣接行列 W を得る[†]。

$$W_{ij} = (|R_{ij}|)^{\beta_r} \tag{7.3}$$

ここで，β_r は調節パラメータで，弱相関部分を緩やかに排除するために用いられる。一般に $\beta_r = 6$ で設定されている[306]。そのため，弱相関部分はその情報（例えば順位関係など）を保持しながらもほぼ 0 になる。具体的に，W_{ij} は元の値 $|R_{ij}|$ から $|R_{ij}|^{\beta_r - 1}$ 倍されることになり，$\beta_r > 1$ としたとき，小さい値がより小さくなる。この操作を通して，偽陽性を避けるという戦略である。

しかしながら，この調節パラメータ β_r をどのように設定するかという問題が残される。そこで，7.3.2 項の (2) で紹介した「現実的なネットワーク構造が得られるような閾値がもっともらしい」という考え方を用いる。具体的には，式 (7.3) から得られた W から計算される重み付き次数（強度）の分布 $P(s)$ がべき分布にもっとも適合するような β_r を選択するというものである。

しかしながら，$P(s)$ のべき乗則の仮定を受け入れることについては，7.3.2 項の (2) と同様の理由から議論の余地がある。また，経験的な手法であり，理論的な妥当性についても議論の余地がある。それでも，この重み付き相関ネットワーク解析は相関に関する情報を保持したまま解析することができるという利点から幅広く用いられている[307]~[310]。

7.5 偏相関ネットワーク解析

7.5.1 偏相関ネットワーク解析の基本

相関ネットワーク解析は有用であるが，間接的な関連を検出しやすいという

[†] 相関係数の符号を考慮するために $W_{ij} = (1/2 + R_{ij}/2)^{\beta_r}$ とする場合もある。

問題が残される。間接的な関連とは別の変数が介在することによって観測される相関のことである。例えば，x_1 と x_2 が強く相関し，x_3 と x_2 が強く相関する場合，x_1 と x_3 にも相関が観測される場合がある。このような間接的な関連はネットワーク推定における偽陽性の原因となるため，問題となる。

一般に，このような間接的な関連は弱相関を示すため，閾値化（7.3 節）や緩やかな閾値化（7.4 節）を適用することで，ある程度は排除することができると期待される。しかしながら，これらの閾値化手法においては間接的な関連の取り扱いが明示的でないため，別の手法が必要となる。

間接的な関連を排除する別の手法としては**偏相関**（partial correlation）を用いることが挙げられる。偏相関では「そのほかの変数の影響を除いた上で」二つの変数間の関係を評価することができる。そのため間接的な関連性を排除しながら，変数間の関係性を検出することができる。ここでは，偏相関に基づいた相関ネットワーク解析である**偏相関ネットワーク解析**（partial correlation network analysis）[311] について紹介する。

偏相関は相関係数から求めることができる。ここではピアソンの積率相関係数に注目し，その相関係数行列の逆行列を $\hat{\boldsymbol{R}} = \boldsymbol{R}^{-1}$ とする。このとき，変数 x_i と x_j からそのほかのすべての変数の影響を取り除いた場合の相関係数（つまり偏相関係数），$\mathrm{PCor}(x_i, x_j)$ は次式で求められる。

$$\mathrm{PCor}(x_i, x_j) = -\frac{\hat{R}_{ij}}{\sqrt{\hat{R}_{ii}\hat{R}_{jj}}}$$

この式からもわかるように，$\mathrm{PCor}(x_i, x_j) = \mathrm{PCor}(x_j, x_i)$ である。偏相関ネットワークも，相関ネットワークと同様に，無向ネットワークとして表される。

7.5.2　偏相関と多重回帰

偏相関は多重回帰と関連する。具体的には，多重回帰における偏回帰係数に基づいて偏相関係数を求めることができる。ここで，x_i を目的変数とし，残りの変数を説明変数とした式 (7.4) のような回帰式を考える。

$$x_i = \sum_{j \neq i} \beta_{ij} x_j + \epsilon_i \tag{7.4}$$

ϵ_i はこの回帰式の誤差である。なお，切片を 0 として議論するためにすべての変数 x_i $(i = 1, 2, \dots)$ は平均 0 であると考える。

ここで，偏回帰係数 β_{ij} $(i, j = 1, 2, \dots ;$ ただし $i \neq j)$ は変数 x_j がそのほかの変数の影響から独立して x_i をどれだけ説明するのか（つまり，関連するのか）という尺度として捉えられる。このように，偏回帰係数と偏相関には類似性があり，特に，偏回帰係数と偏相関係数には次式で示される関係がある[311), 312)]。

$$\mathrm{PCor}(x_i, x_j) = \frac{\beta_{ij} \sigma_{\epsilon_j}}{\sigma_{\epsilon_i}} = \frac{\beta_{ji} \sigma_{\epsilon_i}}{\sigma_{\epsilon_j}}$$

ここで，σ_{ϵ_i} は ϵ_i の標準偏差を意味する。

式 (7.4) の回帰式を題材に，偏回帰係数 $\boldsymbol{\beta}_i = (\beta_{i1}, \beta_{i2}, \dots)^\top$（ただし β_{ii} を除く）をデータ $\boldsymbol{X} = (\boldsymbol{X}_1, \boldsymbol{X}_2, \dots)$ から求めることを考える。ここで，$\boldsymbol{X}_j$ $(j = 1, 2, \dots)$ は $\boldsymbol{X}$ の列ベクトルを意味し，変数 x_j に対するデータである。ただし，データ $\boldsymbol{X}_j$ の平均は 0 であるとする（もしデータがそうなっていなければ，Z スコアに変換して，平均 0 で分散 1 となるように処理すればよい）。このとき，目的変数に対するデータは $\boldsymbol{X}_i$ であり，説明変数に対するデータは $\boldsymbol{X}^{\neg i}$（$\boldsymbol{X}$ から $\boldsymbol{X}_i$ が除かれたデータ）となる。$\boldsymbol{\beta}_i$ は式 (7.5) のように予測したい実際の値 $\boldsymbol{X}_i$ と回帰式によって予測された値 $\boldsymbol{X}^{\neg i} \boldsymbol{\beta}_i$ の 2 乗誤差を最小化する $\boldsymbol{\beta}_i$ を求める問題として解かれる。

$$\hat{\boldsymbol{\beta}}_i^{\mathrm{OLS}} = \arg \min_{\boldsymbol{\beta}_i} \| \boldsymbol{X}_i - \boldsymbol{X}^{\neg i} \boldsymbol{\beta}_i \|_2^2 \tag{7.5}$$

すべての変数間の関連性を計算するために，式 (7.5) の回帰式をすべての変数，つまり $i = 1, 2, \dots$ について求める。最終的に得られた偏回帰係数 β_{ij} から相互作用関係を推定する。

7.5.3 偏相関ネットワーク解析の限界

7.5.1 項で説明したように，偏相関は間接的な関連の検出を避けることができ

る。そのため，偏相関ネットワーク解析は一般的な相関ネットワーク解析より
も有用であると考えられる。しかしながら，偏相関ネットワーク解析は実際の
研究で頻繁には用いられていない。大きく分けて二つの問題があるからである。

一つは偽陽性の問題である。偏相関は間接的な関連を補正することはできる。
しかしながら，そのほかの内在的な性質に起因する弱相関は依然として残る。
このような弱相関は偽陽性の原因となり，ネットワーク推定において問題にな
る。ただ，この問題は，相関ネットワーク解析で用いた閾値化（7.3節）を考え
ることで，ある程度避けることができる。

もう一つは多くのサンプルを必要とするという問題である。前項で示したよ
うに，偏相関は多重回帰と関連がある。オミクスデータにおける変数の数はきわ
めて多い。一方で，実際の研究においては，コストの関係から，サンプル数は変
数の数に比べると少ない場合がほとんどである。このような場合，偏回帰係数を
計算することは難しい。特に，変数の数がサンプル数よりも多い場合はそもそ
も偏回帰係数を計算できない。また，サンプル数が変数の数よりも多い場合で
も，十分に多くないと偏回帰係数を安定に（信頼性のある偏回帰係数を）計算で
きない。例えば，多重回帰において必要なサンプル数は，説明変数の数を N_{exp}
とすると，目安として $10N_{exp}$ あるいは $8N_{exp} + 100$ 以上であるといわれてい
る[313]。また，説明変数間に強い相関，つまり**多重共線性**（multicollinearity）
がある場合にも同様の問題が起こる。

7.5.4　正則化付き偏相関ネットワーク解析

前項で説明したような問題を避けるために，**正則化**（regularization）を導入
することが考えられている[311]。正則化はモデルの複雑性を避けるための一つ
の手法であり，特に **Lasso**（least absolute shrinkage and selection operator）
がよく用いられる[314]。ここでは，そのような Lasso に基づく偏相関ネットワー
ク解析について紹介する。

Lasso に基づく偏相関ネットワーク解析はつぎのように行われる。式 (7.5) と
同じように，データ $\boldsymbol{X}$ から $\boldsymbol{\beta}_i$ を推定することを考える。この場合，Lasso の

文脈では式 (7.6) のようにして $\boldsymbol{\beta}_i$ が求められる。

$$\hat{\boldsymbol{\beta}}_i^{\text{Lasso}} = \arg \min_{\boldsymbol{\beta}_i} \left(\|\boldsymbol{X}_i - \boldsymbol{X}^{\neg i}\boldsymbol{\beta}_i\|_2^2 + \alpha\|\boldsymbol{\beta}_i\|_1 \right) \tag{7.6}$$

ここで $\alpha(> 0)$ は調節パラメータである。

　式 (7.5) と式 (7.6) では予測したい値と回帰式からの予測値の誤差（つまり，$\|\boldsymbol{X}_i - \boldsymbol{X}^{\neg i}\boldsymbol{\beta}_i\|_2^2$）を最小化したいという点では同じであるが，Lasso（式 (7.6)）においては，$\alpha\|\boldsymbol{\beta}_i\|_1 = \alpha \sum_{j \neq i} |\beta_{ij}|$ の項が導入されている。これは罰則項と呼ばれ，値を持つ偏回帰係数を多く出現させないようにする役割を果たす。そのような偏回帰係数が多いことは，式 (7.6) の最小化の文脈において，罰則になる（不利に働く）からだ。

　Lasso の性質の詳細については別の書籍[247],[315],[316] や論文[314] を参照してもらいたいが，このような罰則項を考えると，偏回帰係数の多くが 0 になる。特に，$\hat{\boldsymbol{\beta}}_i^{\text{OLS}}$ において小さい値をとる係数（つまり弱相関部分）が $\hat{\boldsymbol{\beta}}_i^{\text{Lasso}}$ では 0 になる。この性質によって，偽陽性を避けることができる。これは，7.3.2 項における弱相関部分を 0 と置き換える作業との類似性がある。また，偏回帰係数の多くが 0 になることで，見かけ上の説明変数の数が少なくなる。このため，サンプル数が少ない場合でも安定な計算が可能になる。さらに，たがいに強く相関する説明変数（多重共線性の問題）も避けることができる。そのような説明変数がある場合，代表的な説明変数が一つ選ばれ（その偏回帰係数が値を持ち），残りは除外される（それらの偏回帰係数が 0 になる）からである。

　Lasso を考えることは偏相関ネットワーク解析にとって有効であるが，問題も残る。例えば，式 (7.6) を陽に解くことは難しく，パラメータ（例えば，調節パラメータ α）を効率的に推定するアルゴリズムが必要になる。これまでにさまざまなアルゴリズムが提案されており[247],[314]，それに応じて，多くの正則化付き偏相関ネットワーク解析手法が提案されている[311]。しかしながら，手法によって，あるいは同じ手法で調節パラメータを同じにしていても（乱数のシードなどによって），推定されるネットワーク構造が大きく異なる場合がある。また，過度な変数選択により，重要な相互作用を見逃してしまう可能性も

残される[295])。そのため，Lasso の変数選択を緩和させた別の正則化も考えられている[311])。

7.6　相対量を考える場合

7.6.1　オミクスデータにおける相対量

ここまで，変数は絶対量（測定から直接得られた値）だと考えてきた。オミクスデータのほとんどは絶対量であるが，一部例外がある。マイクロバイオームのデータがその代表例である。微生物[†1]の存在量は 16S rRNA 遺伝子シークエンスやメタゲノム解析から得られたリードカウント数に基づいて推定される。リードカウント数がわかるのだから絶対量だと考えてもよさそうであるが，そうではない。このリードカウント数は，抽出された遺伝子の量やシークエンスの深さなどの条件に強く影響される。しかしながら，これらの条件をサンプル間でコントロールすることは難しく，サンプル間でリードカウント数を比較することは適切ではない。ある微生物に対するリードカウント数が多くなったときに，本当にその微生物が増えたからなのか，それともシークエンスの条件が異なるからなのかを区別することができないためである。そのような理由から，マイクロバイオームデータは一般に微生物組成（微生物の相対量）で表される。具体的には，N 種の微生物を考え，微生物 i の絶対量（リードカウント数など）を x_i $(\geqq 0)$ とすると，その微生物 i の相対量 y_i は式 (7.7) のように表される[†2]。

$$y_i = \frac{x_i}{\sum_{j=1}^{N} x_j} \tag{7.7}$$

このとき，$y_i \in [0,1]$ である。

7.6.2　定数和制約による見せかけの相関

微生物どうしがどのように相互作用するかを解き明かすことは微生物生態学

[†1]　正確には，operational taxonomic unit（OTU）や特定の系統群に対応する。
[†2]　ただし，変数 x_i $(i = 1, \ldots, N)$ のうち，いずれか一つは $x_i > 0$ であるとする。

における重要な課題であり[104]，マイクロバイオームデータから相関ネットワーク解析を用いて微生物共起ネットワークを明らかにしようとする研究が盛んに行われている[105]。しかしながら，このような相対量データをこれまでに紹介してきた相関ネットワーク解析手法にそのまま適用することはできない。**定数和制約**（constant sum constraint）[317],[318] があるからである。定数和制約とは，変数をすべて足すと定数になる制約のことである。式 (7.7) からわかるように $\sum_{i=1}^{N} y_i = 1$ であり，定数和制約があることがわかる。

この制約は相関を考える上で問題になる。簡単のために，2 変数で考えてみよう。絶対量 x_1 と x_2 に対する相対量は，それぞれ y_1 と y_2 であるとする。定数和制約より $y_1 + y_2 = 1$ であるので，$y_1 = 1 - y_2$ であることがわかる。つまり，y_1 と y_2 には依存関係（負の相関）が生じることになる。

より具体的な例を**図 7.2** に示す。ここでは，四つの変数の絶対量 x_1 から x_4 を考える。x_1 から x_4 のデータは 0 から 1 の一様分布に従う乱数から得られている。そのため，これらの絶対量は独立である（相関はない）（図 7.2(a)）。しかしながら，x_1 から x_4 のデータをそれぞれ相対量 y_1 から y_4 に変換した場合，相対量の間には負の相関が確認できる（図 (b)）。

このように定数和制約は見せかけの相関をもたらし，ネットワーク推定にお

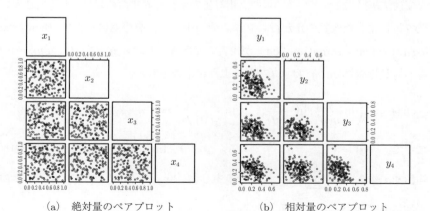

(a)　絶対量のペアプロット　　　　　　(b)　相対量のペアプロット

図 7.2　定数和制約による見せかけの相関の例

ける偽陽性の原因となる。これは相関ネットワーク解析において問題になる。

7.6.3　対 数 比 変 換

定数和制約の問題を避けるための一つの方法として**対数比変換**（log-ratio transformation）が考えられる[317),318)]。これは相対量の統計推定を行う場合に対数比 $\ln(y_i/y_j)$ を基準にするという方法であるが，式 (7.8) で表されるように絶対量の対数比に対応するからである。

$$\ln \frac{y_i}{y_j} = \ln \frac{x_i/\sum_{h=1}^{N} x_h}{x_j/\sum_{h=1}^{N} x_h} = \ln \frac{x_i}{x_j} \tag{7.8}$$

つまりこのような対数比を通して，絶対量を議論するという戦略である。ただ，比の性質だけを考えるならば，ここで対数を考える必要はないように思えるだろう。それでも対数を考えるのには大きく分けて，二つの理由がある。一つは変数を分解することができ（$\ln y_i - \ln y_j = \ln x_i - \ln x_j$ のように），個別の変数を議論することができるからである。実際に役立つ例を次項で示す。もう一つは相対値を $-\infty$ から ∞ に変換することができるため，相対値における定数和制約を避けることができるからである。実際に役立つ例を 7.6.5 項で示す。

このように，対数比変換の性質（式 (7.8)）は便利である。そのためさまざまな変換法が提案されている。特に，相対量の変動を表すためには，ある共通の変数で規格化した変数の比が役に立つ。その中でも，**有心対数比変換**（centered log-ratio transfromation；clr）が代表的である。相対量 $\boldsymbol{y} = (y_1, \ldots, y_N)^\top$ の有心対数比変換 $\mathrm{clr}(\boldsymbol{y})$ は式 (7.9) のように定義される。

$$\mathrm{clr}(\boldsymbol{y}) = \left(\ln \frac{y_1}{g(\boldsymbol{y})}, \ln \frac{y_2}{g(\boldsymbol{y})}, \ldots, \ln \frac{y_N}{g(\boldsymbol{y})} \right)^\top = \boldsymbol{z} = (z_1, \ldots, z_N)^\top \tag{7.9}$$

ここで，$g(\boldsymbol{y}) = \left(\Pi_{i=1}^{N} y_i \right)^{1/N}$ である。つまり，$\ln y_j \ (j = 1, \ldots, N)$ はその平均値 $\langle \ln y \rangle = N^{-1} \sum_{j=1}^{N} \ln y_j$ によって中心化（$\ln y_j - \langle \ln y \rangle$）されており，$\boldsymbol{z}$ の平均は 0 になるという性質を持つ。

この対数比変換を用いることで，相対量データに対する相関ネットワーク解

析が可能になる。以下で代表的な手法を紹介する。

7.6.4 相対量データに対する相関ネットワーク解析

相対量データに対する相関ネットワーク解析では，前項の対数比変換を使って，絶対量における相関係数を推定することを考える。代表的な手法として，**SparCC**（Sparse Correlations for Compositional data）[319] が挙げられる。

SparCC は，対数比変換の性質（式 (7.8)）を利用して，$\ln(y_i/y_j)$ の分散 $\mathrm{Var}[\ln(y_i/y_j)]$ から絶対存在量に対するピアソンの積率相関係数を求めることを考える。具体的に，$\mathrm{Var}[\ln(y_i/y_j)]$ は式 (7.10) のように記述できる。

$$
\begin{aligned}
\mathrm{Var}\left[\ln\frac{y_i}{y_j}\right] &= \mathrm{Var}\left[\ln\frac{x_i}{x_j}\right] = \mathrm{Var}\left[\ln x_i - \ln x_j\right] \\
&= \mathrm{Var}\left[\ln x_i\right] + \mathrm{Var}\left[\ln x_j\right] - 2\mathrm{Cov}\left[\ln x_i, \ln x_j\right] \quad (7.10)
\end{aligned}
$$

したがって，式 (7.1) に基づくと，微生物 i と j の対数化された絶対存在量（つまり，$\ln x_i$ と $\ln x_j$）に対するピアソンの積率相関係数 $\mathrm{SparCC}(i,j)$ は式 (7.10) から式 (7.11) のように求めることができる。

$$
\mathrm{SparCC}(i,j) = \frac{\mathrm{Var}\left[\ln x_i\right]^2 + \mathrm{Var}\left[\ln x_j\right]^2 - \mathrm{Var}[\ln(y_i/y_j)]}{2\mathrm{Var}\left[\ln x_i\right]\mathrm{Var}\left[\ln x_j\right]} \quad (7.11)
$$

ここでは，「対数化された」絶対存在量に対するピアソンの積率相関係数を推定することになるが，これは結果的に都合がよい。微生物の絶対存在量は対数正規分布に従うことが経験的に知られているからである[319]（ピアソンの積率相関係数は偏差の正規分布を仮定していることを思い出してほしい）。

式 (7.11) を用いて $\mathrm{SparCC}(i,j)$ を求めるためには $\mathrm{Var}\left[\ln x_i\right]$ と $\mathrm{Var}\left[\ln x_j\right]$ を推定する必要がある。これらの値の推定にはいくつかの手法が提案されている。SparCC の元論文[319] では，近似から得られる式 (7.12) の連立方程式を解くことで対数化された絶対量の分散を推定している。

$$
\sum_{j=i}^{N}\mathrm{Var}\left[\ln\frac{y_i}{y_j}\right] \simeq (N-1)\mathrm{Var}\left[\ln x_i\right]^2 + \sum_{\substack{j=1 \\ j\neq i}}^{N}\mathrm{Var}\left[\ln x_j\right]^2 \quad (i=1,\ldots,N)
$$

$$
(7.12)
$$

ただ，このままでは偽陽性の原因となる弱相関部分を除くことができない。そこで，反復計算を行い，そのような弱相関部分を排除しながら，絶対量の分散を推定するアルゴリズムを考えている。

しかしながら，このアルゴリズムには問題が残される。具体的には，反復計算に時間がかかり，近似によって推定された相関係数行列が相関係数行列としての性質（正定値であること）を満たさない場合がある。ただ，Lasso を用いることで，弱相関部分を排除しながら絶対量の分散の推定を高速化することができる[320]。式 (7.12) における近似に起因する問題も，別の定式化で連立方程式を構築し，Lasso における損失関数を工夫することで回避することができる[321]。特に，弱相関部分を排除しながらも，より正確な相関係数行列の推定が可能である。

7.6.5 相対量データに対する偏相関ネットワーク解析

対数比変換を用いることで，相対量データに対する偏相関ネットワーク解析についても考えることができる。代表的な手法として，**SPIEC-EASI**[†1] (SParse InversE Covariance Estimation for Ecological ASsociation Inference)[322] が挙げられる。

SPIEC-EASI は，有心対数比変換（式 (7.9)）を用いて相対量データにおける定数和制約を取り除き，Lasso に基づく偏相関ネットワーク解析（式 (7.6)）を考えることで相互作用を推定する。具体的には，有心対数比変換された相対量データを $\boldsymbol{Z} = (\boldsymbol{Z}_1, \boldsymbol{Z}_2, \dots)$ とし，式 (7.13) に基づいて偏回帰係数を求める[†2]。

$$\hat{\boldsymbol{\beta}}_i^{\mathrm{SE}} = \arg\min_{\boldsymbol{\beta}_i} \left(\|\boldsymbol{Z}_i - \boldsymbol{Z}^{\neg i}\boldsymbol{\beta}_i\|_2^2 + \alpha\|\boldsymbol{\beta}_i\|_1 \right) \tag{7.13}$$

ここで，$\boldsymbol{Z}_j$ $(j = 1, 2, \dots)$ は $\boldsymbol{Z}$ の列ベクトルを意味し，有心対数比変換された相対量変数 y_j のデータに対応する。$\boldsymbol{Z}^{\neg i}$ は $\boldsymbol{Z}$ から $\boldsymbol{Z}_i$ が除かれたデータを意味する。

すべての変数間の関連性を計算するために，式 (7.13) の回帰式をすべての変

[†1] speak easy と発音する。

[†2] SPIEC-EASI では式 (7.13) を解くために，Meinshausen–Bühlmann 法[323] が用いられている。

数，つまり $i = 1, 2, \dots$ について求める。最終的に得られた偏回帰係数 β_{ij} から相互作用関係を推定する。

調節パラメータ α はどのように選択したらよいだろうか。7.5.4 項でも触れたように，ここにはさまざまな選択肢がある。ベイズ情報量規準や再標本化アプローチなども考えられるが，SPIEC-EASI では正則化選択における一般的なモデル選択アプローチとして知られる Stability Approach to Regularization Selection（StARS）[324] を用いている。StARS では，元データからサンプルをランダムに選択することで生成されたサブサンプルに基づいて推定されたネットワークを考える。具体的には，多くのサブサンプルから推定されたネットワークについて，エッジの出現頻度に対する α 依存性を求める。この依存性に基づいて，エッジ全体の安定性（推定されたネットワークにおいてエッジの出現にどの程度，再現性があるか）が計算される。そして，このエッジ全体の安定性が最も高くなる α が選択される。この選択されたネットワークにおいて，エッジの出現頻度は信頼度に対応する。

この方法では計算時間がかかるという問題が残されるが，損失関数に工夫を加えることで，より高速でより正確なネットワーク推定が可能である[325]。

7.7 相関ネットワークの比較

ここまでは，単一のネットワークを推定することを考えてきた。しかしながら，実際の研究においてはこれらの相関ネットワークを比較する必要がある場合もあるだろう。例えば，病気の人（ケース）の相関ネットワークと健康な人（コントロール）の相関ネットワークにはどのような違いがあるのかを調べたい場合である。ここでは，そのような相関ネットワークの比較法について説明する。

単純に考えれば，ケースとコントロールで個別に相関ネットワークを推定して，それらを比較すれば十分なようにも思える。もちろんそのような方法[326]も考えることができるが，統計的な妥当性が乏しいことに加え，それぞれの相関ネットワークにおける多重検定の問題から偽陽性を多く検出する可能性が高

い。そのため，相関係数の「差の」検定を明示的に行い，多重検定補正することでその問題を回避するアプローチが考えられている[301]。特に，**フィッシャー変換**（Fisher transformation）を用いた方法[327] が代表的である。

ここで，x_i と x_j の 2 変数間の相関係数を考える。条件 A と B（例えば，ケースとコントロール）で観測された相関係数をそれぞれ $\mathrm{Cor}_A(x_i, x_j)$ と $\mathrm{Cor}_B(x_i, x_j)$ とする。このとき，$\mathrm{Cor}_A(x_i, x_j)$ のフィッシャー変換は次式のように記述される。

$$Z_A(x_i, x_j) = \frac{1}{2} \ln \frac{1 + \mathrm{Cor}_A(x_i, x_j)}{1 - \mathrm{Cor}_A(x_i, x_j)}$$

同様にして，$\mathrm{Cor}_B(x_i, x_j)$ のフィッシャー変換 $Z_B(x_i, x_j)$ についても求める。

このとき，$\mathrm{Cor}_A(x_i, x_j)$ と $\mathrm{Cor}_B(x_i, x_j)$ の差（条件 B を基準とした条件 A での違い）は式 (7.14) で求められる Z スコア，$Z_{AB}(x_i, x_j)$ を用いて検定することができる。

$$Z_{AB}(x_i, x_j) = \frac{Z_A(x_i, x_j) - Z_B(x_i, x_j)}{\sqrt{\dfrac{1}{n_{\mathrm{sample}}^A - 3} + \dfrac{1}{n_{\mathrm{sample}}^B - 3}}} \tag{7.14}$$

ここで，n_{sample}^A と n_{sample}^B は条件 A と B におけるサンプル数をそれぞれ意味する。式 (7.14) からわかるように，$Z_{AB}(x_i, x_j) \neq Z_{BA}(x_i, x_j)$ である[†]。この $Z_{AB}(x_i, x_j)$ に基づいて p 値を算出する。

相関ネットワークの比較では，すべての変数の組みについて $Z_{AB}(x_i, x_j)$ を計算し，その p 値を求める。例えば，p 値に基づいて二つの条件で異なる相互作用を推定することが考えられるが，これは多重検定であり，偽陽性を検出する問題が残される。この問題を回避するためには，7.3.1 項で示したような多重検定補正を考えればよい。

しかしながら，このような補正を考えたとしても，まだ問題は残る。式 (7.14) の変換に基づく p 値の推定は，$Z_{AB}(x_i, x_j)$ が正規分布に従うことを仮定している。しかしながら，データによってはこの仮定が成り立たない場合もある。そのため，式 (7.14) に基づいて得られた p 値の解釈は難しく，その値を用いて閾

[†] ただし，$Z_A(x_i, x_j) \neq Z_B(x_i, x_j)$ である。

値化することが不適切になる場合がある。この場合，**パーミュテーション検定**（permutation test）を行い経験的 p 値を算出するという手法[197]が役に立つ。

このパーミュテーション検定では，元のデータセットとそれをランダムに入れ替えたデータセットを作成し，それらのデータセットから得られる統計量を比較することで経験的 p 値を算出する（**図 7.3**）。具体的には，条件 A と B から得られた実際のデータセットを考える（図左）。このデータセットのサンプルをランダムに選択し，データセット間で入れ替える（図右）。このようなランダムに入れ替えたデータセットを n_{perm} 個作成する。

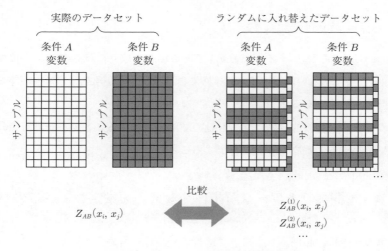

図 7.3 パーミュテーション検定の概念図

ここで，元のデータセットから計算された統計量 $Z_{AB}(x_i, x_j)$ に注目し，n_{perm} 個のランダムに入れ替えたデータセットから，対応する統計量 $Z_{AB}^{(h)}(x_i, x_j)$（$h = 1, \ldots, n_{\mathrm{perm}}$）をそれぞれ計算する。このとき，$Z_{AB}(x_i, x_j)$ に対する経験的 p 値は式 (7.15) に従って計算される[198]。

$$\hat{p}_{\mathrm{upper}}^* = \frac{1}{n_{\mathrm{perm}}} \sum_{h=1}^{n_{\mathrm{perm}}} \mathbb{I}\left[Z_{AB}(x_i, x_j) > Z_{AB}^{(h)}(x_i, x_j) \right] \tag{7.15}$$

この場合，$\hat{p}_{\mathrm{upper}}^*$ は片側（上側）検定に対する p 値に対応する。具体的には，

$Z_{AB}(x_i, x_j)$ が分布の上側に位置する（つまり，$Z_{AB}^{(h)}(x_i, x_j)$ と比べて $Z_{AB}(x_i, x_j)$ が大きい）場合を考える。しかしながら，$Z_{AB}(x_i, x_j)$ が分布の下側に位置する場合も考えられる。もし，そのように分布の下側について考えたいのならば，式 (7.15) の不等号を反転させればよい。この場合，下側検定に対する p 値（$\hat{p}_{\text{lower}}^*$）として考えることができる。

また，分布の両側について考えたいのであれば，等裾経験的 p 値が役に立つ。これは，上側検定に対する p 値と下側検定に対する p 値に基づいて次式のように計算される。

$$\hat{p}_{\text{et}}^* = 2 \min \left(\hat{p}_{\text{upper}}^*, \ \hat{p}_{\text{lower}}^* \right)$$

ただし，$Z_{AB}(x_i, x_j) = Z_{AB}^{(h)}(x_i, x_j)$ である場合を取りこぼさないようにするため，$\hat{p}_{\text{upper}}^*$（あるいは $\hat{p}_{\text{lower}}^*$）を計算する際には，不等号を等号付き不等号に置き換える必要がある。

このように，経験的 p 値は，統計量の順位に注目することで，統計量の分布の形に依存することなく p 値を算出することができる。

7.8　相関ネットワーク解析は「なに」を推定しているのか

本章の最後に，相関ネットワーク解析の妥当性を含め，相関ネットワーク解析について念頭に置いてもらいたいことを述べる。具体的に，相関ネットワーク解析の結果を解釈する際には，注意が必要であることを強調する。

読者の中には，本文中における「偽陽性を排除することができる」や「より正確にネットワーク構造を推定することができる」といった記述に疑問を持つ方もいるだろう。このような記述は「正解」が存在していることを意味しているが，生物ネットワークではそのような正解はない場合がほとんどだからである。もちろんこれまでの知識は正解として使えるかもしれないが，未知の相互作用はまだ多く存在する。また，負例（つまり，相互作用がないことを示す）データの欠如の問題もある。そのようなデータは，学術的に興味深くないなど

の理由で，多くは論文として報告されない。そのため，論文などで報告がない場合，「相互作用がない」のか「単に調査されていないだけ」なのかを区別することはできない。よって，偽陽性や推定性能などはそもそも議論できないはずである。

では，相関ネットワーク解析の妥当性はどのように検証されているのだろうか。これらの研究においては，**多変量分布**（multivariate distribution）から得られる乱数を用いて妥当性を検証する。簡単のために，多変量正規分布 $\mathcal{N}(\boldsymbol{\mu}, \boldsymbol{\Sigma})$ を考える。ここで，$\boldsymbol{\mu} = (\mu_1, \ldots, \mu_N)$ であり，変数 x_1 から x_N の平均値を表す。$\boldsymbol{\Sigma}$ は分散共分散行列であり，すべての変数が平均 0 で分散 1 ならば，ピアソンの積率相関係数行列としてみなすことができる。そこで，この $\boldsymbol{\Sigma}$ を正解として考え，分布 $\mathcal{N}(\boldsymbol{\mu}, \boldsymbol{\Sigma})$ から得られたデータより推定される相関係数行列と比較することで，その推定手法の性能を評価する。

確かに，相関ネットワーク解析は変数間の関連性を検出するための手法なので，このようなアプローチでその手法の統計学的な妥当性を評価することはできる。しかしながら，生物学的な妥当性はどうだろう。生物における変数（遺伝子発現量や生物存在量）は複雑な非線形ダイナミクスの結果として決まる[15]ことを考えると，生物データを多変量分布から得られる乱数としてみなすのはいささか問題だろう。事実，任意のネットワーク上の非線形ダイナミクスを考えた場合，そのダイナミカルモデルが比較的単純であったとしても，相関ネットワーク解析でそのネットワーク構造を推定することは難しいことが知られている[295],[300]。そのため，相関ネットワークから推定された相互作用から，生物学的な相互作用を議論するのは危険である。相関が「なに」を意味しているかは付加的な情報がないと議論できない場合がほとんどである。

相関ネットワーク解析は，その手法のわかりやすさや使いやすさの側面から，研究でよく用いられている。多くの研究が示すように，相関ネットワーク解析はデータを理解するための一つの手法として役立つことは間違いないが，その使い方や結果の解釈には注意が必要であることを覚えておいてほしい。

相関ネットワーク解析手法の開発においても，このことを念頭に置く必要が

あるだろう。定式化やアルゴリズムの発展は目覚ましく，それらを応用することで新規の手法が開発できるだろう。それらは相関ネットワーク（共分散構造）を求める文脈ではもちろん重要である。しかしながら，その手法の生物学的応用を主張する場合には注意が必要である。

　もちろん，上記のような問題を回避するための手法開発は進んでいる。例えば，直接相互作用と間接相互作用を区別する目的で，最大エントロピー原理が用いられている[328]。より確からしい種間相互作用を推定するためにマルコフ確率場が用いられる場合もある[329]。また，横断（多くのスナップショット）データではなく時系列データを使うことも考えられる。横断データと比較すると，時系列データは取得するのが難しいが，近年では少ないデータ点で相互作用を推定する手法が提案されている。例えば，Convergent cross mapping 法[330] は非線形状態空間の再構成から因果関係と相関関係を区別しながら相互作用ネットワークを推定する。スパース S マップ法[331] は，ダイナミクスの基礎方程式を仮定することなく，時系列データから疎（スパース）な相互作用ネットワークを生成することができる。この手法ではネットワークを疎にするために単純な変数増加法を用いているが，Lasso のような正則化を用いるアプローチ[332] もある。経済学分野で時系列データの因果関係を推定するために提案されたグレンジャー因果を適用する手法もある[333]。これらの手法は，計算コストが高いなどの問題が残されるが，今後の相互作用推定において重要な手法になると期待できる。

引用・参考文献

1) Y. Hasin, M. Seldin and A. Lusis：Multi-omics approaches to disease, Genome Biol., **18**, 83 (2017)

2) 金久　實：ポストゲノム情報への招待，共立出版 (2001)

3) M. Kanehisa, Y. Sato, M. Furumichi, K. Morishima and M. Tanabe：New approach for understanding genome variations in KEGG, Nucleic Acids Res., **47**, pp. D590–D595 (2019)

4) P.M. Harrison, A. Kumar, N. Lang, M. Snyder and M. Gersteina：A question of size: the eukaryotic proteome and the problems in defining it, Nucleic Acids Res., **30**, pp. 1083–1090 (2002)

5) J.K. Colbourne, et al.：The Ecoresponsive Genome of *Daphnia pulex*, Science, **331**, pp. 555–561 (2011)

6) D.S. Wishart, et al.：HMDB: a knowledgebase for the human metabolome, Nucleic Acids Res., **37**, pp. D603–D610 (2008)

7) J.B. Harborne：Introduction to Ecological Biochemistry (4th edition), Academic Press (1993)

8) S. Wang, S. Alseekh, A.R. Fernie and J. Luo：The structure and function of major plant metabolite modifications, Mol. Plant, **12**, pp. 899–919 (2019)

9) C. Mora, D.P. Tittensor, S. Adl, A.G.B. Simpson and B. Worm：How many species are there on Earth and in the ocean?, PLoS Biol., **9**, e1001127 (2011)

10) A. Almeida, A.L. Mitchell, M. Boland, S.C. Forster, G.B. Gloor, A. Tarkowska, T.D. Lawley and R.D. Finn：A new genomic blueprint of the human gut microbiota, Nature, **568**, pp. 499–504 (2019)

11) M. Delgado-Baquerizo, A.M. Oliverio, T.E. Brewer, A. Benavent-Gonzalez, D.J. Eldridge, R.D. Bardgett, F.T. Maestre, B.K. Singh and N. Fierer：A global atlas of the dominant bacteria found in soil, Science, **359**, pp. 320–325 (2018)

12) I. Cho and M.J. Blaser：The human microbiome: at the interface of health and disease, Nat. Rev. Genet., **13**, pp. 260–270 (2012)

13) J.A. Gilbert, J.K. Jansson and R. Knight：The earth microbiome project: successes and aspirations, BMC Biol., **12**, 69 (2014)

14) H. Kitano：Systems biology: A brief overview, Science, **295**, pp. 1662–1664 (2002)

15) 江口至洋：細胞のシステム生物学，共立出版 (2008)

16) U. Alon（倉田博之，宮野　悟 訳）：システム生物学入門—生物回路の設計原理—，共立出版 (2008)

17) M.R. Evans, M. Bithell, S.J. Cornell, S.R.X. Dall, S. Díaz, S. Emmott, B. Ernande, V. Grimm, D.J. Hodgson, S.L. Lewis, G.M. Mace, M. Morecroft, A. Moustakas, E. Murphy, T. Newbold, K.J. Norris, O. Petchey, M. Smith, J.M.J. Travis and T.G. Benton：Predictive systems ecology, Proc. R. Soc. B, **280**, 20131452 (2013)

18) S. Fields and O. Song：A novel genetic system to detect protein-protein interactions, Nature, **340**, pp. 245–246 (1989)

19) M. Caldera, P. Buphamalai, F. Müller and J. Menche：Interactome-based approaches to human disease, Curr. Opin. Syst. Biol., **3**, pp. 88–94 (2017)

20) A.-L. Barabási：Network science, Philos. Trans. R. Soc. A., **371**, 20120375 (2013)

21) 増田直紀，今野紀雄：複雑ネットワークの科学，産業図書 (2005)

22) 鈴木　努：ネットワーク分析，共立出版 (2009)

23) M.E.J. Newman：Networks: an introduction, Oxford University Press (2010)

24) 増田直紀, 今野紀雄：複雑ネットワーク—基礎から応用まで—，近代科学社 (2010)

25) K. Takemoto and C. Oosawa：Introduction to complex networks: Measures, statistical properties, and models, In Statistical and Machine Learning Approaches for Network Analysis (eds. M. Dehmer and S.C. Basak), pp. 45–75, John Wiley & Sons (2012)

26) 矢久保考介：複雑ネットワークとその構造，共立出版 (2013)

27) 林　幸雄 編著：Python と複雑ネットワーク分析，近代科学社 (2019)

28) S. Wasserman and K. Faust：Social network analysis: Methods and applications, Cambridge University Press (1994)

29) R. Albert and A.-L. Barabási：Statistical mechanics of complex networks, Rev. Mod. Phys., **74**, 47 (2002)

30) A.-L. Barabási（池田裕一，井上寛康，谷澤俊弘 監訳，京都大学ネットワーク

社会研究会 訳）：ネットワーク科学――ひと・もの・ことの関係性をデータから解き明かす新しいアプローチ――，共立出版 (2019)

31) R. Pastor-Satorras and A. Vespignani：Epidemic spreading in scale-free networks, Phys. Rev. Lett., **86**, pp. 3200-3203 (2001)

32) R. Cohen, S. Havlin and D. ben-Avraham：Efficient immunization strategies for computer networks and populations, Phys. Rev. Lett., **91**, 247901 (2001)

33) A.-L. Barabási and Z.N. Oltvai：Network biology: Understanding the cell's functional organization, Nat. Rev. Genet., **5**, pp. 101–113 (2004)

34) A.-L. Barabási, N. Gulbahce and J. Loscalzo：Network medicine: a network-based approach to human disease, Nat. Rev. Genet., **12**, pp. 56–68 (2011)

35) F. Jordán and I. Scheuring：Network ecology: topological constraints on ecosystem dynamics, Phys. Life Rev., **1**, pp. 139–172 (2004)

36) J. Bascompte：Networks in ecology, Basic Appl. Ecol., **8**, pp. 485–490 (2007)

37) K. Takemoto and M. Iida：Ecological networks, In Encyclopedia of Bioinformatics and Computational Biology (eds. S. Ranganathan, K. Nakai, C. Schönbach and M. Gribskov), pp. 1131–1141, Elsevier (2019)

38) R. Diestel：Graph Theory (3rd edition), Springer-Verlag Heidelberg (2005)

39) H. Salgado, S. Gama-Castro, M. Peralta-Gil, E. Díaz-Peredo, F. Sánchez-Solano, A. Santos-Zavaleta, I. Martínez-Flores, V. Jiménez-Jacinto, C. Bonavides-Martínez, J. Segura-Salazar, A. Martínez-Antonio, J. Collado-Vides：RegulonDB (version 5.0): *Escherichia coli* K-12 transcriptional regulatory network, operon organization, and growth conditions, Nucleic Acids Res., **34**, pp. D394–D397 (2006)

40) The ENCODE Project Consortium, et al.：Expanded encyclopaedias of DNA elements in the human and mouse genomes, Nature, **583**, pp. 699–710 (2020)

41) Z.-P. Liu, C. Wu, H. Miao and H. Wu：RegNetwork: an integrated database of transcriptional and posttranscriptional regulatory networks in human and mouse, Database, **2015**, bav095 (2015)

42) G. Taubes：Protein chemistry: Misfolding the way to disease, Science, **271**, pp. 1493–1495 (1996)

43) B. Chakrabarty and N. Parekh：NAPS: Network analysis of protein structures, Nucleic Acids Res., **44**, pp. W375–W382 (2016)

44) H.M. Berman, J. Westbrook, Z. Feng, G. Gilliland, T.N. Bhat, H. Weissig, I.N. Shindyalov and P.E. Bourne：The Protein Data Bank, Nucleic Acids Res., **28**, pp. 235–242 (2000)

45) K.W. Plaxco, K.T. Simons and D. Baker：Contact order, transition state placement and the refolding rates of single domain proteins, J. Mol. Biol., **277**, pp. 985–994 (1998)

46) J. Song, K. Takemoto, H. Shen, H. Tan, M.M. Gromiha and T. Akutsu：Prediction of protein folding rates from structural topology and complex network properties, IPSJ Trans. Bioinform., **3**, pp. 40–53 (2010)

47) S. Ovchinnikov, D.E. Kim, R.Y.-R. Wang, Y. Liu, F. DiMaio and D. Baker：Improved de novo structure prediction in CASP11 by incorporating coevolution information into Rosetta, Proteins, **84**, pp. 67–75 (2016)

48) G. Bagler and S. Sinha：Assortative mixing in protein contact networks and protein folding kinetics, Bioinformatics, **23**, pp. 1760–1767 (2007)

49) M.M. Gromiha and S. Selvaraj：Importance of long-range interactions in protein folding, Biophys. Chem., **77**, pp. 49–68 (1999)

50) N.N. Batada, T. Reguly, A. Breitkreutz, L. Boucher, B.-J. Breitkreutz, L.D. Hurst and M. Tyers：Stratus not altocumulus: A new view of the yeast protein interaction network, PLoS Biol., **4**, e317 (2009)

51) P. Hu, S.C. Janga, M. Babu, J.J. Díaz-Mejía, G. Butland, W. Yang, O. Pogoutse, X. Guo, S. Phanse, P. Wong, S. Chandran, C. Christopoulos, A. Nazarians-Armavil, N.K. Nasseri, G. Musso, M. Ali, N. Nazemof, V. Eroukova, A. Golshani, A. Paccanaro, J.F. Greenblatt, G. Moreno-Hagelsieb and A. Emili：Global functional atlas of *Escherichia coli* encompassing previously uncharacterized proteins, PLoS Biol., **7**, e96 (2009)

52) G. Alanis-Lobato, M.A. Andrade-Navarro and M.H. Schaefer：HIPPIE v2.0: enhancing meaningfulness and reliability of protein-protein interaction networks, Nucleic Acids Res., **45**, pp. D408–D414 (2017)

53) D. Szklarczyk, A.L. Gable, D. Lyon, A. Junge, S. Wyder, J. Huerta-Cepas, M. Simonovic, N.T. Doncheva, J.H. Morris, P. Bork, L.J. Jensen and C. von Mering：STRING v11: protein-protein association networks with increased coverage, supporting functional discovery in genome-wide experimental datasets, Nucleic Acids Res., **47**, pp. D607–D613 (2019)

54) 竹本和広：代謝ネットワークの数理モデルとその応用，応用数理，**24**, pp. 10–18

(2014)

55) K. Takemoto : Current understanding of the formation and adaptation of metabolic systems based on network theory, Metabolites, **2**, pp. 429–457 (2012)

56) R. Caspi, T. Altman, R. Billington, K. Dreher, H. Foerster, C.A. Fulcher, T.A. Holland, I.M. Keseler, A. Kothari, A. Kubo, M. Krummenacker, M. Latendresse, L.A. Mueller, Q. Ong, S. Paley, P. Subhraveti, D.S. Weaver, D. Weerasinghe, P. Zhang and P.D. Karp : The MetaCyc database of metabolic pathways and enzymes and the BioCyc collection of Pathway/Genome Databases, Nucleic Acids Res., **42**, pp. D459–D471 (2014)

57) H. Jeong, B. Tombor, R. Albert, Z.N. Oltvai and A.-L. Barabási : The large-scale organization of metabolic networks, Nature, **407**, pp. 651–654 (2000)

58) M. Huss and P. Holme : Currency and commodity metabolites: their identification and relation to the modularity of metabolic networks, IET Systems Biology, **1**, pp. 280–285 (2006)

59) A. Wagner and D.A. Fell : The small world inside large metabolic networks, Proc. R. Soc. B, **268**, pp. 1803–1810 (2001)

60) M. Arita : The metabolic world of *Escherichia coli* is not small, Proc. Natl. Acad. Sci. USA, **101**, pp. 1543–1547 (2004)

61) M. Arita : From metabolic reactions to networks and pathways, In Bacterial Molecular Networks: Methods and Protocols (eds. J. van Helden, A. Toussaint and D. Thieffry), pp. 93–106, Humana Press (2012)

62) M. Arita : A pitfall of wiki solution for biological databases, Brief. Bioinform., **10**, pp. 295–296 (2009)

63) M. Stelzer, Jibin Sun, T. Kamphans, S.P. Fekete and A.-P. Zeng : An extended bioreaction database that significantly improves reconstruction and analysis of genome-scale metabolic networks, Integr. Biol., **3**, pp. 1071–1086 (2011)

64) E. Bullmore and O. Sporns : Complex brain networks: graph theoretical analysis of structural and functional systems, Nat. Rev. Neurosci., **10**, pp. 186–198 (2009)

65) D.C. Van Essen, S.M. Smith, D.M. Barch, T.E.J. Behrens, E. Yacoub and K. Ugurbil, for the WU-Minn HCP Consortium : The WU-Minn Human

Connectome Project: An overview, NeuroImage, **80**, pp. 62–79 (2013)

66) B.B. Biswal, M. Mennes, X.-N. Zuo, S. Gohel, C. Kelly, S.M. Smith, C.F. Beckmann, J.S. Adelstein, R.L. Buckner, S. Colcombe, A.-M. Dogonowski, M. Ernst, D. Fair, M. Hampson, M.J. Hoptman, J.S. Hyde, V.J. Kiviniemi, R. Kötter, S.-J. Li, C.-P. Lin, M.J. Lowe, C. Mackay, D.J. Madden, K.H. Madsen, D.S. Margulies, H.S. Mayberg, K. McMahon, C.S. Monk, S.H. Mostofsky, B.J. Nagel, J.J. Pekar, S.J. Peltier, S.E. Petersen, V. Riedl, S.A.R.B. Rombouts, B. Rypma, B.L. Schlaggar, S. Schmidt, R.D. Seidler, G.J. Siegle, C. Sorg, G.-J. Teng, J. Veijola, A. Villringer, M. Walter, L. Wang, X.-C. Weng, S. Whitfield-Gabrieli, P. Williamson, C. Windischberger, Y.-F. Zang, H.-Y. Zhang, F.X. Castellanos and M.P. Milham：Toward discovery science of human brain function, Proc. Natl. Acad. Sci. USA, **107**, pp. 4734–4739 (2010)

67) J.A. Brown, J.D. Rudie, A. Bandrowski, J.D. Van Horn, S.Y. Bookheimer：The UCLA Multimodal Connectivity Database: A web-based platform for connectivity matrix sharing and complex network analysis, Front. Neuroinform., **6**, 28 (2012)

68) H.J. Park and K. Friston：Structural and functional brain networks: From connections to cognition, Science, **342**, 1238411 (2013)

69) N.C. Fox, W.R. Crum, R.I. Scahill, J.M. Stevens, J.C. Janssen and M.N. Rossor：Imaging of onset and progression of Alzheimer's disease with voxel-compression mapping of serial magnetic resonance images, Lancet, **358**, pp. 201–205 (2001)

70) D.J. Ardesch, L.H. Scholtens, L. Li, T.M. Preuss, J.K. Rilling and M.P. van den Heuvel：Evolutionary expansion of connectivity between multimodal association areas in the human brain compared with chimpanzees, Proc. Natl. Acad. Sci. USA, **116**, pp. 7101–7106 (2019)

71) R.S. Desikan, F. Ségonne, B. Fischl, B.T. Quinn, B.C. Dickerson, D. Blacker, R.L. Buckner, A.M. Dale, R.P. Maguire, B.T. Hyman, M.S. Albert and R.J. Killiany：An automated labeling system for subdividing the human cerebral cortex on MRI scans into gyral based regions of interest, Neuroimage, **31**, pp. 968–980 (2006)

72) M.J. Ellis, J.T. Rutka, A.V. Kulkarni, P.B. Dirks and E. Widjaja：Corticospinal tract mapping in children with ruptured arteriovenous malfor-

mations using functionally guided diffusion-tensor imaging, J. Neurosurg. Pediatr., **9**, pp. 505–510 (2012)

73) I. Ueda, S. Kakeda, K. Watanabe, K. Sugimoto, N. Igata, J. Moriya, K. Takemoto, A. Katsuki, R. Yoshimura, O. Abe and Y. Korogi : Brain structural connectivity and neuroticism in healthy adults, Sci. Rep., **8**, 16491 (2018)

74) E. Dolgin : This is your brain online: the Functional Connectomes Project, Nat. Med., **16**, pp. 351 (2010)

75) C.J. Honey, O. Sporns, L. Cammoun, X. Gigandet, J.P. Thiran, R. Meuli and P. Hagmann : Predicting human resting-state functional connectivity from structural connectivity, Proc. Natl. Acad. Sci. USA, **106**, pp. 2035–2040 (2009)

76) J.M. Peters, M. Taquet, C. Vega, S.S. Jeste, I.S. Fernández, J. Tan, C.A. Nelson III, M. Sahin and S.K. Warfield : Brain functional networks in syndromic and non-syndromic autism: a graph theoretical study of EEG connectivity, BMC Med., **11**, 54 (2013)

77) S. Allesina and S. Tang : Stability criteria for complex ecosystems, Nature, **483**, pp. 205–208 (2012)

78) J. Bascompte : Structure and dynamics of ecological networks, Science, **329**, pp. 765–766 (2010)

79) D.M. Evans, M.J.O. Pocock and J. Memmott : The robustness of a network of ecological networks to habitat loss, Ecol. Lett., **16**, pp. 844–852 (2013)

80) R.M. May : Will a large complex system be stable?, Nature, **238**, pp. 413–414 (1972), doi:10.1038/238413a0

81) M. Kondoh : Foraging adaptation and the relationship between food-Web complexity and stability, Science, **299**, pp. 1388–1391 (2003)

82) R.M. Thompson, U. Brose, J.A. Dunne, R.O. Hall Jr., S. Hladyz, R.L. Kitching, N.D. Martinez, H. Rantala, T.N. Romanuk, D.B. Stouffer and J.M. Tylianakis : Food webs: reconciling the structure and function of biodiversity, Trends Ecol. Evol., **27**, pp. 689–697 (2012)

83) J. Bascompte, C.J. Melián and E. Sala : Interaction strength combinations and the overfishing of a marine food web, Proc. Natl. Acad. Sci. USA, **102**, pp. 5443–5447 (2005)

84) E. Thébault and C. Fontaine : Stability of ecological communities and the

architecture of mutualistic and trophic networks, Science, **329**, pp. 853–856 (2010)

85) A. Muto-Fujita, K. Takemoto, S. Kanaya, T. Nakazato, T. Tokimatsu, N. Matsumoto, M, Kono, Y. Chubachi, K. Ozaki and M. Kotera : Data integration aids understanding of butterfly–host plant networks, Sci. Rep., **7**, 43368 (2017)

86) L. Goldwasser and J. Roughgarden : Construction and analysis of a large Caribbean food web, Ecology, **74**, pp. 1216–1233 (1993)

87) D. Vázquez, C. Melián, J. Goldberg and R. Naik (eds.), P.R. Guimarães, R.L.G. Raimundo, L. Cagnolo and R. Bonaldo : The Interaction Web Database (2003), `http://www.ecologia.ib.usp.br/iwdb/` (2021.8.23 現在)

88) J. Bascompte and P. Jordano : Mutualistic Networks, Princeton University Press (2013)

89) H. Toju, M. Yamamichi, P.R. Guimarães Jr., J.M. Olesen, A. Mougi, T. Yoshida and J.N. Thompson : Species-rich networks and eco-evolutionary synthesis at the metacommunity level, Nat. Ecol. Evol., **1**, 0024 (2017)

90) L.J. Gilarranz, J.M. Pastor and J. Galeano : The architecture of weighted mutualistic networks, Oikos, **121**, pp. 1154–1162 (2012)

91) M.A. Fortuna, R. Ortega and J. Bascompte : The Web of Life, arXiv:1403.2575 (2014)

92) S. Pilosof, M.A. Fortuna, J.-F. Cosson, M. Galan, C. Kittipong, A. Ribas, E. Segal, B.R. Krasnov, S. Morand and J. Bascompte : Host–parasite network structure is associated with community-level immunogenetic diversit, Nat. Commun., **10**, 5172 (2014)

93) A. Engering, L. Hogerwerf and J. Slingenbergh : Pathogen–host–environment interplay and disease emergence, Emerg. Microbes Infect., **2**, e5 (2013)

94) M. Wardeh, K.J. Sharkey and M. Baylis : Integration of shared-pathogen networks and machine learning reveals the key aspects of zoonoses and predicts mammalian reservoirs, Proc. R. Soc. B, **287**, 20192882 (2020)

95) B.R. Levin and J.J. Bull : Population and evolutionary dynamics of phage therapy, Nat. Rev. Microbiol., **2**, pp. 166–173 (2004)

96) F. Rohwer and R.V. Thurber : Viruses manipulate the marine environment, Nature, **459**, pp. 207–212 (2009)

97) C.O. Flores, J.R. Meyer, S. Valverde, L. Farr and J.S. Weitz : Statistical structure of host-phage interactions, Proc. Natl. Acad. Sci. USA, **108**, pp. E288–E297 (2011)

98) M. Urban, R. Pant, A. Raghunath, A.G. Irvine, H. Pedro and K.E. Hammond-Kosack : The Pathogen-Host Interactions database (PHI-base): additions and future developments, Nucleic Acids Res., **43**, pp. D645–D655 (2015)

99) M.G. Ammari, C.R. Gresham, F.M. McCarthy and B. Nanduri : HPIDB 2.0: a curated database for host-pathogen interactions, Database, **2016**, baw103 (2016)

100) T. Mihara, Y. Nishimura, Y. Shimizu, H. Nishiyama, G. Yoshikawa, H. Uehara, P. Hingamp, S. Goto and H. Ogata : Linking virus genomes with host taxonomy, Viruses, **8**, 66 (2016)

101) N.L. Gao, C. Zhang, Z. Zhang, S. Hu, M.J. Lercher, X.-M. Zhao, P. Bork, Z. Liu and W.-H. Chen : MVP: a microbe-phage interaction database, Nucleic Acids Res., **46**, pp. D700–D707 (2018)

102) D.I. Gibson, R.A. Bray and E.A. Harris (eds.) : Host–parasite database of the Natural History Museum, London: Natural History Museum (2005), `https://www.nhm.ac.uk/research-curation/scientific-resources/taxonomy-systematics/host-parasites/` (2021.8.23 現在)

103) T. Dallas : helminthR: an R interface to the London Natural History Museum's Host–Parasite Database, Ecography, **39**, pp. 391–393 (2016)

104) K.Z. Coyte, J. Schluter and K.R. Foster : The ecology of the microbiome: networks, competition, and stability, Science, **350**, pp. 663–666 (2015)

105) K. Faust, J.F. Sathirapongsasuti, J. Izard, N. Segata, D. Gevers, J. Raes and C. Huttenhower : Microbial co-occurrence relationships in the human microbiome, PLoS Comput. Biol., **8**, e1002606 (2012)

106) D. Ramanan, R. Bowcutt, S.C. Lee, M.S. Tang, Z.D. Kurtz, Y. Ding, K. Honda, W.C. Gause, M.J. Blaser, R.A. Bonneau, Y.A.L. Lim, P. Loke and K. Cadwell : Helminth infection promotes colonization resistance via type 2 immunity, Science, **352**, pp. 608–612 (2016)

107) B. Flemer, R.D. Warren, M.P Barrett, K. Cisek, A. Das, I.B Jeffery, E. Hurley, M. O'Riordain, F. Shanahan and P.W. O'Toole:The oral microbiota in colorectal cancer is distinctive and predictive, Gut, **67**, pp. 1454–1463

(2018)

108) D. Goss-Souza, L.W. Mendes, C.D. Borges, D. Baretta, S.M. Tsai and J.L.M. Rodrigues：Soil microbial community dynamics and assembly under long-term land use change, FEMS Microbiol. Ecol., **93**, fix109 (2017)

109) C. Shen, Y. Shi, K. Fan, J.-S. He, J.M. Adams, Y. Ge and H. Chu：Soil pH dominates elevational diversity pattern for bacteria in high elevation alkaline soils on the Tibetan Plateau, FEMS Microbiol. Ecol., **95**, fiz003 (2019)

110) K.-I. Goh, M.E. Cusick, D. Valle, B. Childs, M. Vidal and A.-L Barabási：The human disease network, Proc. Natl. Acad. Sci. USA, **104**, pp. 8685–8690 (2007)

111) X. Wang, N. Gulbahce and H. Yu：Network-based methods for human disease gene prediction, Brief. Funct. Genom., **10**, pp. 280–293 (2011)

112) M.A. Yíldirim, K.I Goh, M.E. Cusick, A.-L. Barabási and M. Vidal：Drug-target network, Nat. Biotechnol., **25**, pp. 1119–1126 (2007)

113) X.Z. Zhou, J. Menche, A.-L. Barabási and A. Sharma：Human symptoms-disease network, Nat. Commun., **5**, 4212 (2014)

114) E. Guney, J. Menche, M. Vidal and A.-L. Barábasi：Network-based *in silico* drug efficacy screening, Nat. Commun., **5**, 10331 (2016)

115) Y. Yamanishi, M. Araki, A. Gutteridge, W. Honda and M. Kanehisa：Prediction of drug-target interaction networks from the integration of chemical and genomic spaces, Bioinformatics, **24**, pp. i232–i240 (2008)

116) M. Iida, M. Iwata and Y. Yamanishi：Network-based characterization of disease-disease relationships in terms of drugs and therapeutic targets, Bioinformatics, **36**, pp. i516–i524 (2020)

117) A.P. Davis, C.J. Grondin, R.J. Johnson, D. Sciaky, R. McMorran, J. Wiegers, T.C Wiegers and C.J. Mattingly：The Comparative Toxicogenomics Database: update 2019, Nucleic Acids Res., **47**, pp. D948–D954 (2019)

118) M. Iida and K. Takemoto：A network biology-based approach to evaluating the effect of environmental contaminants on human interactome and diseases, Ecotoxicol. Environ. Saf., **160**, pp. 316–327 (2018)

119) R. Vermeulen, E.L. Schymanski, A.-L. Barabási and G.W. Miller：The exposome and health: Where chemistry meets biology, Science, **367**, pp. 392–396

(2020)

120) A. Barrat, M. Barthélemy, R. Pastor-Satorras and A. Vespignani：The architecture of complex weighted networks, Proc. Natl. Acad. Sci. USA, **101**, pp. 3747–3752 (2004)

121) A.-L. Barabási and R. Albert：Emergence of scaling in random networks, Science, **286**, pp. 509–512 (1999)

122) M.P.H. Stumpf, C. Wiuf and R.M. May：Subnets of scale-free networks are not scale-free: Sampling properties of networks, Proc. Natl. Acad. Sci. USA, **102**, pp. 4221–4224 (2005)

123) R. Tanaka：Scale-rich metabolic networks, Phys. Rev. Lett., **94**, 168101 (2005)

124) M. Arita：Scale-freeness and biological networks, J. Biochem., **138**, pp. 1–4 (2005)

125) A.-L. Barabási and E. Bonabeau：Scale-free newtorks, Sci. Am., **288**, pp. 60–69 (2003)

126) R. Albert：Scale-free networks in cell biology, J. Cell Sci., **118**, pp. 4947–4957 (2005)

127) L. Li, D. Alderson, R. Tanaka, J.C. Doyle and W. Willinger：Towards a theory of scale-free graphs: definition, properties, and implications (extended version), Internet Math., **2**, pp. 431–523 (2005)

128) G. Lima-Mendez and J. van Helden：The powerful law of the power law and other myths in network biology, Mol. Biosyst., **5**, pp. 1482–1493 (2009)

129) M.P.H. Stumpf and M.A. Porter：Critical truths about power laws, Science, **335**, pp. 665–666 (2012)

130) A.D. Broido and A. Clauset：Scale-free networks are rare, Nat. Commun., **10**, 1017 (2019)

131) R. Albert, H. Jeong and A.-L. Barabási：Error and attack tolerance of complex networks, Nature, **406**, pp. 378–382 (2000)

132) T. Ichinomiya：Frequency synchronization in a random oscillator network, Phys. Rev. E, **70**, 026116 (2004)

133) H. Jeong, S.P. Mason, A.-L. Barabási and Z.N. Oltvai：Lethality and centrality in protein networks, Nature, **411**, pp. 41–42 (2001)

134) M.E.J. Newman：Assortative mixing in networks, Phys. Rev. Lett., **89**, 208701 (2002)

135) A. Trusina, S. Maslov, P. Minnhagen and K. Sneppen : Hierarchy measures in complex networks, Phys. Rev. Lett., **92**, 178702 (2004)

136) C.M. Schneider, A.A. Moreira, J.S. Andrade Jr., S. Havlin and H.J. Herrmann : Mitigation of malicious attacks on networks, Proc. Natl. Acad. Sci. USA, **108**, pp. 3838–3841 (2011)

137) T. Tanizawa, S. Havlin and H.E. Stanley : Robustness of onionlike correlated networks against targeted attacks, Phys. Rev. E., **85**, 046109 (2012)

138) M. Pósfai, Y.-Y. Liu, J.-J. Slotine and A.-L. Barabási : Effect of correlations on network controllability, Sci. Rep., **3**, 1067 (2013)

139) K. Takemoto and T. Akutsu : Analysis of the effect of degree correlation on the size of minimum dominating sets in complex networks, PLoS ONE, **11**, e0157868 (2016)

140) C.C. Leung and H.F. Chau : Weighted assortative and disassortative networks model, Physica A, **378**, pp. 591–602 (2007)

141) J.G. Foster, D.V. Foster, P. Grassberger and M. Paczuski : Edge direction and the structure of networks, Proc. Natl. Acad. Sci. USA, **107**, pp. 10815–10820 (2010)

142) D.J. Watts and S.H. Strogatz : Collective dynamics of 'small-world' networks, Nature, **393**, pp. 440–442 (1998)

143) K. Takemoto, J.C. Nacher and T. Akutsu : Correlation between structure and temperature in prokaryotic metabolic networks, BMC Bioinform., **8**, 303 (2007)

144) K. Takemoto and T. Akutsu : Origin of structural difference in metabolic networks with respect to temperature, BMC Syst. Biol., **2**, 82 (2008)

145) K. Supekar, V. Menon, D. Rubin, M. Musen and M.D. Greicius : Network analysis of intrinsic functional brain connectivity in alzheimer's disease, PLoS Comput. Biol., **4**, e1000100 (2008)

146) D.J. Watts : Small Worlds: The Dynamics of Networks Between Order and Randomness, Princeton University Prress (2003)

147) V. Latora and M. Marchiori : Efficient behavior of small-world networks, Phys. Rev. Lett., **87**, 198701 (2001)

148) F.U. Fischer, D. Wolf, A. Scheurich and A. Fellgiebel : Altered whole-brain white matter networks in preclinical Alzheimer's disease, NeuroImage Clin., **8**, pp. 660–666 (2015)

149) P. Erdős and A. Rényi：On random graphs. I, Publ. Math., **6**, pp. 290–297 (1959)

150) B. Bollobás：Random Graphs (2nd edition), Cambridge University Press (2001)

151) A. Fronczak, P. Fronczak and J.A. Hołyst：Average path length in random networks, Phys. Rev. E, **70**, 056110 (2002)

152) S.-H. Yook, Z.N. Oltvai, A.-L. Barabśi：Functional and topological characterization of protein interaction networks, Proteomics, **4**, pp. 928–942 (2004)

153) M.E.J. Newman, C. Moore and D.J. Watts：Mean-field solution of the small-World network model, Phys. Rev. Lett., **84**, 3201 (1999)

154) D.J. Watts（辻　竜平，友知政樹　訳）：スモールワールド・ネットワーク—世界を知るための新科学的思考法—，CCC メディアハウス (2004)

155) A.-L. Barabási（青木　薫　訳）：新ネットワーク思考—世界のしくみを読み解く—，NHK 出版 (2002)

156) H.A. Simon：ON A CLASS OF SKEW DISTRIBUTION FUNCTIONS On a class of skew distribution functions, Biometrika, **42**, pp. 425–440 (1955)

157) A.-L. Barabási, R. Albert and H. Jeong：Mean-field theory for scale-free random networks, Physica A, **272**, pp. 173–187 (1999)

158) K. Klemm and V.M. Eguíluz：Growing scale-free networks with small-world behavior, Phys. Rev. E, **65**, 057102 (2002)

159) A. Barrat and R. Pastor-Satorras：Rate equation approach for correlations in growing network models, Phys. Rev. E, **71**, 036127 (2005)

160) R. Cohen and S. Havlin：Scale-free networks are ultrasmall, Phys. Rev. Lett., **90**, 058701 (2003)

161) S.N. Dorogovtsev, J.F.F. Mendes and A.N. Samukhin：Structure of growing networks with preferential linking, Phys. Rev. Lett., **85**, pp. 4633–4636 (2000)

162) H. Jeong, Z. Néda and A. L. Barabási：Measuring preferential attachment in evolving networks, Europhys. Lett., **61**, pp. 567–572 (2003)

163) W. Iwasaki and T. Takagi：Reconstruction of highly heterogeneous gene-content evolution across the three domains of life, Bioinformatics, **23**, pp. i230–i239 (2007)

164) E. Eisenberg and E.Y. Levanon：Preferential attachment in the protein

network evolution, Phys. Rev. Lett., **91**, 138701 (2003)

165) S. Light, P. Kraulis and A. Elofsson：Preferential attachment in the evolution of metabolic networks, BMC Genomics, **6**, 159 (2005)

166) M. Tanaka, T. Yamada, M. Itoh, S. Okuda, S. Goto and M. Kanehisa：Analysis of the differences in metabolic network expansion between prokaryotes and eukaryotes, Genome Inform., **17**, pp. 230–239 (2006)

167) B.G. Mirkin, T.I. Fenner, M.Y. Galperin and E.V. Koonin：Algorithms for computing parsimonious evolutionary scenarios for genome evolution, the last universal common ancestor and dominance of horizontal gene transfer in the evolution of prokaryotes, BMC Evol. Biol., **3**, 2 (2003)

168) S. Valverde, R.F. Cancho and R.V. Solé：Scale-free networks from optimal design, Europhys. Lett., **60**, pp. 512–517 (2002)

169) E. Noor, E. Eden, R. Milo and U. Alon：Central carbon metabolism as a minimal biochemical walk between precursors for biomass and energy, Mol. Cell, **39**, pp. 809–820 (2010)

170) S.H. Lee, S. Bernhardsson, P. Holme, B.J. Kim and P. Minnhagen：Neutral theory of chemical reaction networks, New J. Phys., **14**, 033032 (2012)

171) P. Minnhagen and S. Bernhardsson：The blind watchmaker network: scale-freeness and evolution, PLoS ONE, **3**, e1690 (2008)

172) K. Takemoto：Metabolic network modularity arising from simple growth processes, Phys. Rev. E, **86**, 036107 (2012)

173) J. Saramäki and K. Kaski：Scale-free networks generated by random walkers, Physica A, **341**, pp. 80–86 (2004)

174) S.N. Dorogovtsev, J.F.F. Mendes and A.N. Samukhin：Size-dependent degree distribution of a scale-free growing network, Phys. Rev. E, **63**, 062101 (2001)

175) R. Pastor-Satorras, E. Smith and R.V. Solé：Evolving protein interaction networks through gene duplication, J. Theor. Biol., **21**, pp. 199–210 (2003)

176) I. Ispolatov, P.L. Krapivsky and A. Yuryev：Duplication-divergence model of protein interaction network, Phys. Rev. E, **71**, 061911 (2005)

177) J. Zhang：Evolution by gene duplication: an update, Trends Ecol. Evol., **6**, pp. 292–298 (2003)

178) A. Wagner：The yeast protein interaction network evolves rapidly and con-

tains few redundant duplicate genes, Mol. Biol. Evol., **18**, pp. 1283–1292 (2001)

179) W.-Y. Chung, R. Albert, I. Albert, A. Nekrutenko and K.D. Makova ： Rapid and asymmetric divergence of duplicate genes in the human gene coexpression network, BMC Bioinform., **7**, 46 (2006)

180) S.A. Teichmann and M.M. Babu ： Gene regulatory network growth by duplication, Nat. Genet., **36**, pp. 492–496 (2004)

181) K. Takemoto and M. Arita ： Heterogeneous distribution of metabolites across plant species, Physica A, **388**, pp. 2771–2780 (2009)

182) F. Chung and L. Lu ： Connected components in random graphs with given expected degree sequences, Ann. Comb., **6**, pp. 125–145 (2002)

183) Y.S. Cho, J.S. Kim, J. Park, B. Kahng and D. Kim ： Percolation transitions in scale-free networks under the Achlioptas process, Phys. Rev. Lett., **103**, 135702 (2009)

184) Z. Burda and A. Krzywicki ： Uncorrelated random networks, Phys. Rev. E, **67**, 046118 (2003)

185) K.-I. Goh, B. Kahng and D. Kim ： Universal behavior of load distribution in scale-free networks, Phys. Rev. Lett., **87**, 278701 (2001)

186) M. Catanzaro, M. Boguñá and R. Pastor-Satorras ： Generation of uncorrelated random scale-free networks, Phys. Rev. E, **71**, 027103 (2005)

187) A. Bekessy, P. Bekessy and J. Komlos ： Asymptotic enumeration of integer matrices with large equal row and column sums, Stud. Sci. Math. Hung., **7**, pp. 343–353 (1972)

188) E.A. Bender and E.R. Canfield ： The asymptotic number of labeled graphs with given degree sequences, J. Comb. Theory A, **24**, pp. 296–307 (1978)

189) M. Molloy and B. Reed ： A critical point for random graphs with a given degree sequence, Random Struct Algorithms, **6**, pp. 161–180 (1995)

190) F. Viger and M. Latapy ： Efficient and simple generation of random simple connected graphs with prescribed degree sequence, J. Complex Netw., **4**, pp. 15–37 (2015)

191) S. Maslov and K. Sneppen ： Specificity and stability in topology of protein networks, Science, **296**, pp. 910–913 (2002)

192) E. Roberts and A.C.C. Coolen ： Unbiased degree-preserving randomization of directed binary networks, Phys. Rev. E, **85**, 046103 (2012)

193) C.J. Carstens and K.J. Horadam : Switching edges to randomize networks: what goes wrong and how to fix it, J. Complex Netw., **5**, pp. 337–351 (2017)

194) R. Milo, S. Shen-Orr, S. Itzkovitz, N. Kashtan, D. Chklovskii and U. Alon : Network motifs: simple building blocks of complex networks, Science, **298**, pp. 824–827 (2002)

195) R. Milo, S. Itzkovitz, N. Kashtan, R. Levitt, S. Shen-Orr, I. Ayzenshtat, M. Sheffer and U. Alon : Superfamilies of evolved and designed networks, Science, **303**, pp. 1538–1542 (2004)

196) U. Alon : Network motifs: theory and experimental approaches, Nat. Rev. Genet., **8**, pp. 450–461 (2007)

197) A.T. McKenzie, I. Katsyv, W.M. Song, M. Wang and B. Zhang : DGCA: a comprehensive R package for differential gene correlation analysis, BMC Syst. Biol., **10**, 106 (2016)

198) J.G. MacKinnon : Bootstrap hypothesis testing, In Handbook of Computational Econometrics (eds. D.A. Belsley and E.J. Kontoghiorghes), pp. 183–213, Wiley (2009)

199) M.D. Humphries and K. Gurney : Network 'small-world-ness': A quantitative method for determining canonical network equivalence, PLoS ONE, **3**, e0002051 (2008)

200) C.J. Stam : Modern network science of neurological disorders, Nat. Rev. Neurosci., **15**, pp. 683–695 (2014)

201) Y. Artzy-Randrup, S.J. Fleishman, N. Ben-Tal and L. Stone : Comment on "Network Motifs: Simple Building Blocks of Complex Networks" and "Superfamilies of Evolved and Designed Networks", Science, **20**, 1107 (2004)

202) M.E. Beber, C. Fretter, S. Jain, N. Sonnenschein, M Müller-Hannemann and M.-T. Hütt : Artefacts in statistical analyses of network motifs: general framework and application to metabolic networks, J.R. Soc. Interface, **9**, pp. 3426–3435 (2012)

203) L. Freeman : Centrality in social networks conceptual clarification, Soc. Netw., **1**, pp. 215–239 (1978)

204) H.B. Fraser, A.E. Hirsh, L.M. Steinmetz, C. Scharfe and M.W. Feldman : Evolutionary rate in the protein interaction network, Science, **296**, pp. 750–752 (2002)

205) T. Hase, H. Tanaka, Y. Suzuki, S. Nakagawa and H. Kitano : Structure of

protein interaction networks and their implications on drug design, PLoS Comput. Biol., **5**, e1000550 (2009)

206) W. de Haan, K. Mott, E.C.W. van Straaten, P. Scheltens and C.J. Stam : Activity dependent degeneration explains hub vulnerability in Alzheimer's disease, PLoS Comput. Biol., **8**, e1002582 (2012)

207) P. Bonacich : Power and centrality: a family of measures, Am. J. Sociol., **92**, pp. 1170–1182 (1987)

208) D. Mistry, R.P. Wise and J.A. Dickerson : DiffSLC: A graph centrality method to detect essential proteins of a protein-protein interaction network, PLoS ONE, **12**, e0187091 (2017)

209) S. Brin and L. Page : The anatomyof a large-scale hyper textual Web searchengine, Comput. Netw. ISDN Syst., **30**, pp. 107–117 (1998)

210) K. Bryan and T. Leise : The $25,000,000,000 eigenvector: the linear algebra behind Google, SIAM Review, **48**, pp. 569–581 (2006)

211) G. Iván and V. Grolmusz : When the Web meets the cell: using personalized PageRank for analyzing protein interaction networks, Bioinformatics, **27**, pp. 405–407 (2011)

212) S. Allesina and M. Pascual : Googling food webs: can an eigenvector measure species' importance for coextinctions?, PLoS Comput. Biol., **5**, e1000494 (2009)

213) T. Tamura, N. Chiristian, K. Takemoto, O. Ebenhöh and T. Akutsu : Analysis and prediction of nutritional requirements using structural properties of metabolic networks and support vector machines, Genome Inform., **22**, pp. 176–190 (2009)

214) J. Song, F. Li, K. Takemoto, G. Haffari, T. Akutsu, K.-C. Chou and G.I. Webb : PREvaIL, an integrative approach for inferring catalytic residues using sequence, structural and network features in a machine learning framework, J. Theor. Biol., **443**, pp. 125–137 (2018)

215) K. Hilger, M. Ekman, C.J. Fiebach and U. Basten : Efficient hubs in the intelligent brain: Nodal efficiency of hub regions in the salience network is associated with general intelligence, Intelligence, **60**, pp. 10–25 (2017)

216) H. Yu, P.M. Kim, E. Sprecher, V. Trifonov and M. Gerstein : The importance of bottlenecks in protein networks: correlation with gene essentiality and expression dynamics, PLoS Comput. Biol., **3**, e59 (2007)

217) A. Jacunski, S.J. Dixon and N.P. Tatonetti：Connectivity homology enables inter-species network models of synthetic lethality, PLoS Comput. Biol., **11**, e1004506 (2015)

218) J.M. Harrold, M. Ramanathan and D.E. Mager：Network-based approaches in drug discovery and early development, Clin. Pharmacol. Ther., **94**, pp. 651–658 (2013)

219) L. Katz：A new status index derived from sociometric analysis, Psychometrika, **18**, pp. 39–43 (1953)

220) E. Estrada and J.A. Rodríguez-Velázquez：Subgraph centrality in complex networks, Phys. Rev. E, **71**, 056103 (2005)

221) B. Perozzi, R. Al-Rfou, S. Sol and S. Skiena：DeepWalk: online learning of social representations, Proceedings of the 20th ACM SIGKDD International Conference on Knowledge Discovery and Data Mining, pp. 701–710 (2014)

222) A. Grover and J. Leskovec：node2vec: scalable feature learning for networks, Proceedings of the the 22nd ACM SIGKDD International Conference on Knowledge Discovery and Data Mining, pp. 855–864 (2016)

223) R. Puzis, Z. Sofer, D. Cohen and M. Hugi：Embedding-centrality: generic centrality computation using neural networks, Complex Networks IX, pp. 87–97 (2018)

224) Y.-Y. Liu, J.-J. Slotine and A.-L. Barabási：Controllability of complex networks, Nature, **473**, pp. 167–173 (2011).

225) Y.-Y. Liu and A.-L. Barabási：Control principles of complex systems, Rev. Mod. Phys., **88**, pp. 1–58 (2016)

226) A.R. Sonawane, J. Platig, M. Fagny, C.-Y. Chen, J.N. Paulson, C.M. Lopes-Ramos, D.L. DeMeo, J. Quackenbush, K. Glass and M.L. Kuijjer：Understanding tissue-specific gene regulation, Cell Rep., **1**, pp. 1077–1088 (2017)

227) Cancer Genome Atlas Research Network, et al.：The Cancer Genome Atlas Pan-Cancer analysis project, Nat. Genet., **45**, pp. 1113–1120 (2013)

228) O.J.L. Rackham, J. Firas, H. Fang, M.E. Oates, M.L. Holmes, A.S. Knaupp, FANTOM Consortium, H. Suzuki, C.M. Nefzger, C.O. Daub, J.W. Shin, E. Petretto, A.R.R. Forrest, Y. Hayashizaki, J.M. Polo and J. Gough：A predictive computational framework for direct reprogramming between human cell types, Nat. Genet., **48**, pp. 331–335 (2016)

229) L. Huang, D. Brunell, C. Stephan, J. Mancuso, X. Yu, B. He, T.C.

Thompson, R. Zinner, J. Kim, P. Davies and S.T.C. Wong：Driver network as a biomarker: systematic integration and network modeling of multi-omics data to derive driver signaling pathways for drug combination prediction, Bioinformatics, **35**, pp. 3709–3717 (2019)

230) C.-T. Lin：Structural controllability, IEEE Trans. Automat. Contr., **19**, pp. 201–208 (1974)

231) 細江繁幸：構造可制御性，計測と制御，**20**, pp. 672–679 (1981)

232) X. Liu, Z. Hong, J. Liu, Y. Lin, A. Rodríguez-Patón, Q. Zou and X. Zeng：Computational methods for identifying the critical nodes in biological networks, Brief. Bioinform, **21**, pp. 486–497 (2020)

233) S. Gu, F. Pasqualetti, M. Cieslak, Q.K. Telesford, A.B. Yu, A.E. Kahn, J.D. Medaglia, J.M. Vettel, M.B. Miller, S.T. Grafton and D.S. Bassett：Controllability of structural brain networks, Nat. Commun., **6**, 8414 (2015)

234) J. Gao, Y.-Y. Liu, R.M. D'Souza and A.-L. Barabási：Target control of complex networks, Nat. Commun., **5**, 5415 (2014)

235) J.C. Nacher and T. Akutsu：Dominating scale-free networks with variable scaling exponent: Heterogeneous networks are not difficult to control, New J. Phys., **14**, 073003 (2012)

236) J.C. Nacher and T. Akutsu T：Analysis on controlling complex networks based on dominating sets, J. Phys., **410**, 012104 (2013)

237) T.W. Haynes, S.T. Hedetniemi and P.J. Slater：Fundamentals of domination in graphs, Chapman and HallCRC (1998)

238) I. Stojmenovic, M. Seddigh and J. Zunic：Dominating sets and neighbor elimination-based broadcasting algorithms in wireless networks, IEEE Trans. Parallel Distrib. Syst., **13**, pp. 14–25 (2012)

239) S. Wuchty：Controllability in protein interaction networks, Proc. Natl. Acad. Sci. USA, **111**, pp. 7156–7160 (2014)

240) A. Vinayagam, T.E. Gibson, H.-J. Lee, B. Yilmazel, C. Roesel, Y. Hu, Y. Kwon, A. Sharma, Y.-Y. Liu, N. Perrimon and A.-L. Barabási：Controllability analysis of the directed human protein interaction network identifies disease genes and drug targets, Proc. Natl. Acad. Sci. USA, **113**, pp. 4976–4981 (2016)

241) K. Kanhaiya, E. Czeizler, C. Gratie and I. Petre：Controlling directed protein interaction networks in cancer, Sci. Rep., **7**, 10327 (2017)

242) L. Licata, P.L. Surdo, M. Iannuccelli, A. Palma, E. Micarelli, L. Perfetto, D. Peluso, A. Calderone, L. Castagnoli and G. Cesareni：SIGNOR 2.0, the SIGnaling Network Open Resource 2.0: 2019 update, Nucleic Acids Res., **48**, pp. D504–D510 (2020)

243) C. Tu, R.P. Rocha, M. Corbetta, S. Zampieri, M. Zorzi and S. Suweis：Warnings and caveats in brain controllability, NeuroImage, **176**, pp. 83–91 (2018)

244) F. Pasqualetti, S. Gu and D.S. Bassett：RE: Warnings and caveats in brain controllability, NeuroImage, **197**, pp. 586–588 (2019)

245) S. Suweis, C. Tu, R.P. Rocha, S. Zampieri, M. Zorzi and M. Corbetta：Brain controllability: Not a slam dunk yet, NeuroImage, **200**, pp. 552–555 (2019)

246) S. Fortunato：Community detection in graphs, Phys. Rep., **486**, pp. 75–174 (2010)

247) T. Hastie, R. Tibshirani and J. Friedman（杉山　将，井手　剛，神嶌敏弘，栗田多喜夫，前田英作　監訳）：統計的学習の基礎——データマイニング・推論・予測——，共立出版 (2014)

248) S.E. Schaeffer：Graph clustering, Comput. Sci. Rev., **1**, pp. 27–64 (2007)

249) T. Praneenararat, T. Takagi and W. Iwasaki：Interactive, multiscale navigation of large and complicated biological networks, Bioinformatics, **27**, pp. 1121–1127 (2011)

250) R. Sharan, I. Ulitsky and R. Shamir：Network-based prediction of protein function, Mol. Syst. Biol., **3**, 88 (2007)

251) S. Navlakha and C. Kingsford：The power of protein interaction networks for associating genes with diseases, Bioinformatics, **26**, pp. 1057–1063 (2010)

252) E. Ravasz, A.L. Somera, D.A. Mongru, Z.N. Oltvai and A.-L. Barabási：Hierarchical organization of modularity in metabolic networks, Science, **297**, pp. 1551–1555 (2002)

253) A.M. Yip and S. Horvath：Gene network interconnectedness and the generalized topological overlap measure, BMC Bioinform., **8**, 22 (2007)

254) A. Tandon, A. Albeshri, V. Thayananthan, W. Alhalabi, F. Radicchi and S. Fortunato：Community detection in networks using graph embeddings, arXiv:2009.05265 (2020)

255) M.E.J. Newman and M. Girvan：Finding and evaluating community struc-

ture in networks, Phys. Rev. E, **69**, 026113 (2004)

256) M.J. Barber : Modularity and community detection in bipartite networks, Phys. Rev. E, **76**, 066102 (2007)

257) S. Allesina and M. Pascual : Food web models: a plea for groups, Ecol. Lett., **12**, pp. 652–662 (2009)

258) M.E.J. Newman : Fast algorithm for detecting community structure in networks, Phys. Rev. E, **69**, 066133 (2004)

259) A. Clauset, M.E.J. Newman and C. Moore : Finding community structure in very large networks, Phys. Rev. E, **70**, 066111 (2004)

260) V.D. Blondel, J.-L. Guillaume, R. Lambiotte and E. Lefebvre : Fast unfolding of communities in large networks, J. Stat. Mech., P10008 (2008)

261) M.E.J. Newman : Modularity and community structure in networks, Proc. Natl. Acad. Sci. USA, **103**, pp. 8577–8582 (2006)

262) R. Guimerá and L.A.N. Amaral : Functional cartography of complex metabolic networks, Nature, **433**, pp. 895–900(2005)

263) G. Agarwal and D. Kempe : Modularity-maximizing graph communities via mathematical programming, Eur. Phys. J. B, **66**, pp. 409–418 (2008)

264) K. Chen and W. Bi : A new genetic algorithm for community detection using matrix representation method, Physica A, **353**, 122259 (2019)

265) S. Rahimi, A. Abdollahpouri and P. Moradi : A multi-objective particle swarm optimization algorithm for community detection in complex networks, Swarm Evol. Comput., **39**, pp. 297–309 (2018)

266) L.H. Hartwell, J.J. Hopfield, S. Leibler and A.W. Murray : From molecular to modular cell biology, Nature, **402**, pp. C47–C52 (1999)

267) M. Parter, N. Kashtan and U. Alon : Environmental variability and modularity of bacterial metabolic networks, BMC Evol. Biol., **7**, 169 (2007)

268) A. Hintze and C. Adami : Evolution of complex modular biological networks, PLoS Comput. Biol., **4**, e23 (2008)

269) A. Samal, A. Wagner and O. Martin : Environmental versatility promotes modularity in genome-scale metabolic networks, BMC Syst. Biol., **5**, 135 (2011)

270) N. Kashtan and U. Alon : Spontaneous evolution of modularity and network motifs, Proc. Natl. Acad. Sci. USA, **102**, pp. 13773–13778 (2013)

271) J. Grilli, T. Rogers and S. Allesina : Modularity and stability in ecological

communities, Nat. Commun., **7**, 12031 (2016)

272) R. Guimerá, M. Sales-Pardo and L.A.N. Amaral∶Modularity from fluctuations in random graphs and complex networks, Phys. Rev. E., **70**, 025101(R) (2004)

273) K. Takemoto and K. Kajihara∶Human impacts and climate change influence nestedness and modularity in food-web and mutualistic networks, PLoS ONE, **11**, e0157929 (2016)

274) K. Trøjelsgaard and J.M. Olesen∶Macroecology of pollination networks, Global Ecol. Biogeogr., **22**, pp. 149–162 (2013)

275) E. Sebastián-González, B. Dalsgaard, B. Sandel and P.R. Guimarães Jr.∶Macroecological trends in nestedness and modularity of seed-dispersalnetworks: human impact matters, Global Ecol. Biogeogr., **24**, pp. 293–303 (2015)

276) K. Takemoto and K. Kihara∶Modular organization of cancer signaling networks is associated with patient survivability, Biosystems, **113**, pp. 149–154 (2013)

277) K. Takemoto∶Does habitat variability really promote metabolic network modularity?, PLoS ONE, **8**, e61348 (2013)

278) E. Ziv, M. Middendorf and C.H. Wiggins∶Information-theoretic approach to network modularity, Phys. Rev. E, **71**, 046117 (2005)

279) S. Fortunato and M. Barthélemy∶Resolution limit in community detection, Proc. Natl. Acad. Sci. USA, **104**, pp. 36–41 (2007)

280) H. Kim and S.H. Lee∶Relational flexibility of network elements based on inconsistent community detection, Phys. Rev. E., **100**, 022311 (2019)

281) Z. Li, S. Zhang, R.S. Wang, X.S. Zhang and L. Chen∶Quantitative function for community detection, Phys. Rev. E., **77**, 036109 (2008)

282) T Chen, P. Singh and K.E. Bassler∶Network community detection using modularity density measures, J. Stat. Mech., **2018**, 053406 (2018)

283) F. Botta and C.I. del Genio∶Finding network communities using modularity density, J. Stat. Mech., **2016**, 123402 (2016)

284) R. Santiago and L.C. Lamb∶Efficient modularity density heuristics for large graphs, Eur. J. Oper. Res., **258**, pp. 844–865 (2017)

285) J.M. Olesen, J.Bascompte, Y.L. Dupont and P. Jordano∶The modularity of pollination networks, Proc. Natl. Acad. Sci. USA, **104**, pp. 19891–19896

(2007)

286) M.P. van den Heuvel and O. Sporns : Network hubs in the human brain, Trends Cogn. Sci., **17**, pp. 683–696 (2013)

287) C. Gratton, E.M. Nomura, F. Pérez and M. D'Esposito : Focal brain lesions to critical locations cause widespread disruption of the modular organization of the brain, J. Cogn. Neurosci., **24**, pp. 1275–1285 (2012)

288) Y.Y. Ahn, J.P. Bagrow and S. Lehmann : Link communities reveal multiscale complexity in networks, Nature, **466**, pp. 761–764 (2010)

289) E. Becker, B. Robisson, C.E. Chapple, A. Guénoche and C. Brun : Multifunctional proteins revealed by overlapping clustering in protein interaction network. Bioinformatics, **28**, pp. 84–90 (2012)

290) C.E. Chapple, B. Robisson, L. Spinelli, C. Guien, E. Becker and C. Brun : Extreme multifunctional proteins identified from a human protein interaction network, Nat. Commun., **6**, 7412 (2015)

291) J.M. Stuart, E. Segal, D. Koller and S.K. Kim : A gene-coexpression network for global discovery of conserved genetic modules, Science, **302**, pp. 249–255 (2003)

292) A. Bensimon, A.J.R. Heck and R. Aebersold : Mass spectrometry-based proteomics and network biology, Annu. Rev. Biochem., **81**, pp. 379–405 (2012)

293) R. Steuer, J. Kurths, O. Fiehn and W. Weckwerth : Observing and interpreting correlations in metabolomic networks, Bioinformatics, **19**, pp. 1019–1026 (2003)

294) H. Toju, P.R. Guimarães, J.M. Olesen and J.N. Thompson : Assembly of complex plant-fungus networks, Nat. Commun., **5**, 5273 (2014)

295) H. Hirano and K. Takemoto : Difficulty in inferring microbial community structure based on co-occurrence network approaches, BMC Bioinform., **20**, 329 (2019)

296) T. Obayashi, S. Hayashi, M. Saeki, H. Ohta and K. Kinoshita : ATTED-II provides coexpressed gene networks for *Arabidopsis*, Nucleic Acids Res., **37**, pp. D987–D991 (2009)

297) A. Fukushima, M. Kusano, H. Redestig, M. Arita and K. Saito : Metabolomic correlation-network modules in *Arabidopsis* based on a graph-clustering approach, BMC Syst. Biol., **5**, 1 (2011)

298) D.N. Reshef, Y.A. Reshef, H.K. Finucane, S.R. Grossman, G. McVean, P.J. Turnbaugh, E.S. Lander, M. Mitzenmacher and P.C. Sabeti：Detecting novel associations in large data sets, Science, **334**, pp. 1518–1524 (2011)

299) J. Richiardi, A. Altmann, A.-C. Milazzo, C. Chang, M.M. Chakravarty, T. Banaschewski, G.J. Barker, A.L.W. Bokde, U. Bromberg, C. Büchel, P. Conrod, M. Fauth-Bühler, H. Flor, V. Frouin, J. Gallinat, H. Garavan, P. Gowland, A. Heinz, H. Lemaître, K.F. Mann, J.-L. Martinot, F. Nees, T. Paus, Z. Pausova, M. Rietschel, T.W. Robbins, M.N. Smolka, R. Spanagel, A. Ströhle, G. Schumann, M. Hawrylycz, J.-B. Poline, M.D. Greicius and IMAGEN consortium：Correlated gene expression supports synchronous activity in brain networks, Science, **348**, pp. 1241–1244 (2015)

300) S. Weiss, W.V. Treuren, C. Lozupone, K. Faust, J. Friedman, Y. Deng, L.C. Xia, Z.Z. Xu, L. Ursell, E.J. Alm, A. Birmingham, J.A. Cram, J.A Fuhrman, J. Raes, F. Sun, J. Zhou and R. Knight：Correlation detection strategies in microbial data sets vary widely in sensitivity and precision, ISME J., **10**, pp. 1669–1681 (2016)

301) A. Fukushima：DiffCorr: An R package to analyze and visualize differential correlations in biological network, Gene, **518**, pp. 209–214 (2013)

302) E.P. Wigner：Random matrices in physics, SIAM Review, **9**, pp. 1–23 (1967)

303) F. Luo, Y. Yang, J. Zhong, H. Gao, L. Khan, D.K. Thompson and J. Zhou：Constructing gene co-expression networks and predicting functions of unknown genes by random matrix theory, BMC Bioinform., **8**, 299 (2007)

304) Y. Deng, Y.-H. Jiang, Y. Yang, Z. He, F. Luo and J. Zhou：Molecular ecological network analyses, BMC Bioinform., **13**, 113 (2012)

305) J. Bun, J.-P. Bouchaud and M. Potters：Cleaning large correlation matrices: tools from random matrix theory, Phys. Rep., **666**, pp. 1–109 (2017)

306) P. Langfelder and S. Horvath：WGCNA: an R package for weighted correlation network analysis, BMC Bioinform., **9**, 559 (2008)

307) I. Voineagu, X. Wang, P. Johnston, J.K. Lowe, Y. Tian, S. Horvath, J. Mill, R.M. Cantor, B.J. Blencowe and D.H. Geschwind：Transcriptomic analysis of autistic brain reveals convergent molecular pathology, Nature, **474**, pp. 380–384 (2011)

308) M.J. Hawrylycz, et al.：An anatomically comprehensive atlas of the adult human brain transcriptome, Nature, **489**, pp. 391–399 (2012)

309) P. Bailey, et al.：Genomic analyses identify molecular subtypes of pancreatic cancer, Nature, **531**, pp. 47–52 (2016)

310) M.J. Gandal, J.R. Haney, N.N. Parikshak, V. Leppa, G. Ramaswami, C. Hartl, A.J. Schork, V. Appadurai, A. Buil, T.M. Werge, C. Liu, K.P. White, CommonMind Consortium, PsychENCODE Consortium, iPSYCH-BROAD Working Group, S. Horvath and D.H. Geschwind：Shared molecular neuropathology across major psychiatric disorders parallels polygenic overlap, Science, **359**, pp. 693–697 (2018)

311) S. Epskamp and E.I. Fried：A tutorial on regularized partial correlation networks, Psychol. Methods, **23**, pp. 617–634 (2018)

312) M. Pourahmadi：Covariance estimation: The glm and regularization perspectives, Stat. Sci., **26**, pp. 369–387 (2011)

313) R.S. Barcikowski：A new sample size formula for regresion, Public Opin. Q., **50**, pp. 112–118 (1986)

314) 廣瀬　慧：スパースモデリングとモデル選択，電子情報通信学会誌，**99**, pp. 392–399 (2016)

315) 川野秀一，松井秀俊，廣瀬　慧：スパース推定法による統計モデリング，共立出版 (2018)

316) B. Efron and T. Hastie（藤澤洋徳，井手　剛　監訳）：大規模計算時代の統計推論—原理と発展—，共立出版 (2020)

317) J.A. Aitchison：A new approach to null correlations of proportions, J. Int. Assoc. Math. Geol., **13**, pp. 175–189 (1981)

318) 太田　亨，新井宏嘉：組成データ解析の問題点とその解決方法，地質学雑誌，**112**, pp. 173–187 (2006)

319) J. Friedman, and E.J. Alm：Inferring correlation networks from genomic survey data, PLoS Comput. Biol., **8**, e1002687 (2012)

320) Y. Ban, L. An and H. Jiang：Investigating microbial co-occurrence patterns based on metagenomic compositional data, Bioinformatics, **31**, pp. 3322–3329 (2015)

321) H. Fang, C. Huang, H. Zhao and M. Deng：CCLasso: correlation inference for compositional data through lasso, Bioinformatics, **31**, pp. 3172–3180 (2015)

322) Z.D. Kurtz, C.L. Müller, E.R. Miraldi, D.R. Littman, M.J. Blaser and R.A. Bonneau：Sparse and compositionally robust inference of microbial

ecological networks, PLoS Comput. Biol., **11**, e1004226 (2015)

323) M. Meinshausen and P. Bühlmann∶High Dimensional Graphs and Variable Selection with the Lasso, Ann. Stat., **34**, pp. 1436–1462 (2006)

324) H. Liu, K. Roeder and L. Wasserman∶Stability approach to regularization selection (StARS) for high dimensional graphical models, Proceedings of the 23rd Annual Conference on Neural Information Processing Systems (NIPS), pp. 1–14 (2010)

325) H. Yuan, S. He and M. Deng∶Compositional data network analysis via lasso penalized D-trace loss, Bioinformatics, **35**, pp. 3404–3411 (2019)

326) B.K. Kuntal, P. Chandrakar, S. Sadhu and S.S. Mande∶'NetShift': a methodology for understanding 'driver microbes' from healthy and disease microbiome datasets, ISME J., **13**, pp. 442–454 (2019)

327) J.K. Choi, U. Yu, O.J. Yoo and S. Kim∶Differential coexpression analysis using microarray data and its application to human cancer, Bioinformatics, **21**, pp. 4348–4355 (2005)

328) R. Menon, V. Ramanan and K.S. Korolev∶Interactions between species introduce spurious associations in microbiome studies, PLoS Comput. Biol., **14**, e1005939 (2018)

329) D.J. Harris∶Inferring species interactions from co-occurrence data with Markov networks, Ecology, **97**, pp. 3308–3314 (2016).

330) G. Sugihara, R. May, H. Ye, C. Hsieh, E. Deyle, M. Fogarty and S. Munch∶Detecting causality in complex ecosystems, Science, **338**, pp. 496–500 (2012)

331) K. Suzuki, K. Yoshida, Y. Nakanishi and S. Fukuda∶An equation-free method reveals the ecological interaction networks within complex microbial ecosystems, Methods Ecol. Evol., **8**, pp. 1–12 (2017)

332) S. Cenci, G. Sugihara and S. Saavedra∶Regularized S-map for inference and forecasting with noisy ecological time series, Methods Ecol. Evol., **10**, pp. 650–660 (2019)

333) K. Mainali, S. Bewick, B. Vecchio-Pagan, D. Karig and W.F. Fagan∶Detecting interaction networks in the human microbiome with conditional Granger causality, PLoS Comput. Biol., **15**, e1007037 (2019)

索　引

【い】

一般化構造的重複度　127
遺伝子　1
遺伝子制御ネットワーク　17
遺伝子重複　75
入次数　36
インタラクトーム　4

【え】

枝　6
エッジ　5

【お】

重み付き次数　37
重み付き相関ネット
　　ワーク解析　164
重み付きネットワーク　8

【か】

階層的クラスタリング　123
可制御性　105
カッツ中心性　100
加入係数　147
金持ちはより金持ちに　69

【き】

機能地図作成　146
共生ネットワーク　29
強　度　37
強連結　13
切り株　78
近接中心性　96

【く】

クラスタ係数　46
グラフ・クラスタリング　122
グラフ密度　35

【け】

経験的 p 値　83, 177
経　路　12
経路長　12
ゲノム　2

【こ】

弧　7
格子ネットワーク　61
構造可制御性　107
構造の重複度　124
酵　母　17
コネクタンス　36
コミュニティ　120
コミュニティ検出　120
固有ベクトル中心性　91
コルモゴロフ–スミル
　　ノフ検定　162
コンフィギュレーション
　　モデル　78

【さ】

最小支配集合　113
最大情報係数　159
最短経路　49
最短経路長　49
サブグラフ中心性　101

【し】

自己ループ　6
次　数　34
次数指数　38
次数相関　41
次数中心性　89
次数分布　37
システム生態学　3
システムバイオロジー　3
疾病–遺伝子ネットワーク　32
始　点　7
弱連結　14
終　点　7
種子散布ネットワーク　29
出力エッジ　7
症状–疾病ネットワーク　33
ショウジョウバエ　17
食物網　28

【す】

推移度　47
スケールフリー性　39
スピアマンの順位相関
　　係数　158
スペクトル法　136
スモールワールド性指標　84
スモールワールド
　　ネットワーク　51, 65

【せ】

正則化　168
生態系　1
生態系ネットワーク　27
接　続　6

接続行列　　　　　　　　11
線　虫　　　　　　　　　17
セントラルドグマ　　　　2

【そ】

相関ネットワーク解析　156
送粉ネットワーク　　　　29
双方向エッジ　　　　　　7

【た】

大域効率性　　　　　　　51
代　謝　　　　　　　　　2
代謝化合物　　　　　　　1
代謝化合物ネットワーク　23
代謝ネットワーク　　　　21
代謝反応ネットワーク　　24
対数比変換　　　　　　172
大腸菌　　　　　　　　　17
多重エッジ　　　　　　　6
多重共線性　　　　　　168
多重検定　　　　　　　160
多変量分布　　　　　　179
単純グラフ　　　　　　　6
単純なネットワーク　　　6
端　点　　　　　　　　　6
タンパク質　　　　　　　1
蛋白質構造データバンク　18
タンパク質構造
　　ネットワーク　　　　18
タンパク質コンタクト
　　マップ　　　　　　　18
タンパク質相互作用
　　ネットワーク　　　　20

【ち】

中心性解析　　　　　　　87
長距離相互作用
　　ネットワーク　　　　19
頂　点　　　　　　　　　6

【て】

定数和制約　　　　　　171
出次数　　　　　　　　　36

点　　　　　　　　　　　6
点効率性　　　　　　　　97
転　写　　　　　　　　　2
転写因子　　　　　　　　16
転写ネットワーク　　　　17
伝染病の生態学　　　　　30
デンドログラム　　　　124

【と】

等裾経験的 p 値　　84, 178
到達可能　　　　　　　　13
同類度係数　　　　　　　42
ドライバ・ノード　　　109
トランスクリプトーム　　2
貪欲法　　　　　　　　134

【に】

二項分布　　　　　　　　55
入力エッジ　　　　　　　7

【ね】

ネットワーク医学　　　　5
ネットワーク解析　　　　4
ネットワーク科学　　　　4
ネットワークサイズ　　　6
ネットワーク生態学　　　5
ネットワーク生物学　　　5
ネットワークモチーフ　　82

【の】

脳機能ネットワーク　　　27
脳構造ネットワーク　　　26
ノード　　　　　　　　　5
ノード埋め込み　　　　104

【は】

バイオインフォマ
　　ティクス　　　　　　1
媒介中心性　　　　　　　98
ハ　ブ　　　　　　　　　40
パーミュテーション検定 177

【ひ】

ピアソンの積率相関係数 158
微生物共起ネットワーク　32
必須性　　　　　　　　　89
標準化コミュニティ内
　　次数　　　　　　　147

【ふ】

フィッシャー変換　　　176
フォールディング　　　　18
複雑ネットワーク　　　　4
部分ネットワーク　　　　12
プロテオーム　　　　　　2

【へ】

平均最短経路長　　　　　51
平均次数　　　　　　　　35
閉　路　　　　　　　　　12
べき分布　　　　　　　　38
辺　　　　　　　　　　　6
偏相関　　　　　　　　166
偏相関ネットワーク解析 166

【ほ】

ポアソン分布　　　　　　55
ホスト–パラサイト
　　ネットワーク　　　　30
ホスト–病原菌ネット
　　ワーク　　　　　　　30
ホスト–ファージ
　　ネットワーク　　　　31
歩　道　　　　　　　　　11
翻　訳　　　　　　　　　2

【ま】

マイクロバイオーム　　　3
マッチング　　　　　　109

【み】

道　　　　　　　　　　　12

【む】

無向ネットワーク　6

【め】

メタボローム　3
メッセンジャー RNA　2

【も】

モジュラリティ　128
モジュラリティ密度　144

【や】

焼きなまし法　137

薬剤–疾病ネットワーク　33
薬剤–標的ネットワーク　33

【ゆ】

有向ネットワーク　7
有心対数比変換　172
優先接続　68

【ら】

ランダム化ネットワーク　79
ランダム行列理論　161
ランダムネットワーク　53

【り】

リンク　6
隣　接　6
隣接行列　8

【れ】

連　結　13
連結成分　14

【ろ】

路　12

【B】

Barabási–Albert モデル　68
Benjamini–Hochberg 法　160
Bonferroni 補正　160

【C】

Chung–Lu モデル　76

【D】

DNA　2

【E】

Erdős–Rényi モデル　53

【F】

false discovery rate　160

【K】

KS 検定　162

【L】

Lasso　168
local false discovery
　rate　160

【M】

Molloy–Reed モデル　78

【P】

PageRank　92
p 値　81

【R】

RNA　2

【S】

SparCC　173
SPIEC-EASI　174

【W】

Watts–Strogatz モデル　65

【Z】

Z 検定　81
Z スコア　81

【数字】

2 部ネットワーク　8

—— 監修者・著者略歴 ——

浜田　道昭（はまだ　みちあき）
2000年　東北大学理学部数学科卒業
2002年　東北大学大学院理学研究科修士課程修了
　　　　（数学専攻）
2002年　株式会社富士総合研究所研究員
2009年　東京工業大学大学院総合理工学研究科
　　　　博士後期課程（社会人博士）修了（知
　　　　能システム科学専攻）
　　　　博士（理学）
2010年　東京大学特任准教授
2014年　早稲田大学准教授
2018年　早稲田大学教授
　　　　現在に至る

竹本　和広（たけもと　かずひろ）
2004年　九州工業大学情報工学部生物化学システ
　　　　ム工学科卒業
2006年　九州工業大学大学院情報工学研究科博
　　　　士前期課程修了（情報科学専攻）
2008年　京都大学大学院情報学研究科博士後期
　　　　課程修了（知能情報学専攻）
　　　　博士（情報学）
2008年　日本学術振興会特別研究員（PD）
2009年　東京大学特任研究員
2009年　科学技術振興機構さきがけ研究者
2012年　九州工業大学助教
2015年　九州工業大学准教授
　　　　現在に至る

生物ネットワーク解析
Network Analysis in Biology

© Kazuhiro Takemoto 2021

2021 年 11 月 15 日　初版第 1 刷発行

検印省略

監　修　者　浜　田　道　昭
著　　　者　竹　本　和　広
発　行　者　株式会社　コ ロ ナ 社
　　　　　　代表者　牛来真也
印　刷　所　三 美 印 刷 株 式 会 社
製　本　所　有限会社　愛千製本所

112–0011　東京都文京区千石 4–46–10
発 行 所　株式会社　コ ロ ナ 社
CORONA PUBLISHING CO., LTD.
Tokyo Japan
振替 00140–8–14844・電話(03)3941–3131(代)
ホームページ　https://www.coronasha.co.jp

ISBN 978–4–339–02732–7　C3355　Printed in Japan
（神保）

JCOPY　＜出版者著作権管理機構 委託出版物＞
本書の無断複製は著作権法上での例外を除き禁じられています。複製される場合は，そのつど事前に，
出版者著作権管理機構（電話 03-5244-5088, FAX 03-5244-5089, e-mail: info@jcopy.or.jp）の許諾を
得てください。

本書のコピー，スキャン，デジタル化等の無断複製・転載は著作権法上での例外を除き禁じられています。
購入者以外の第三者による本書の電子データ化及び電子書籍化は，いかなる場合も認めていません。
落丁・乱丁はお取替えいたします。

情報ネットワーク科学シリーズ

(各巻A5判)

コロナ社創立90周年記念出版 〔創立1927年〕

- ■電子情報通信学会 監修
- ■編集委員長 村田正幸
- ■編 集 委 員 会田雅樹・成瀬 誠・長谷川幹雄

本シリーズは，従来の情報ネットワーク分野における学術基盤では取り扱うことが困難な諸問題，すなわち，大量で多様な端末の収容，ネットワークの大規模化・多様化・複雑化・モバイル化・仮想化，省エネルギーに代表される環境調和性能を含めた物理世界とネットワーク世界の調和，安全性・信頼性の確保などの問題を克服し，今後の情報ネットワークのますますの発展を支えるための学術基盤としての「情報ネットワーク科学」の体系化を目指すものである．

シ リ ー ズ 構 成

配本順			頁	本 体
1.（1回）	情報ネットワーク科学入門	村田 正幸 成瀬 誠 編著	230	3000円
2.（4回）	情報ネットワークの数理と最適化 —性能や信頼性を高めるためのデータ構造とアルゴリズム—	巳波 弘佳 井上 武 共著	200	2600円
3.（2回）	情報ネットワークの分散制御と階層構造	会 田 雅 樹 著	230	3000円
4.（5回）	ネットワーク・カオス —非線形ダイナミクス，複雑系と情報ネットワーク—	中尾 裕也 長谷川 幹雄 合原 一幸 共著	262	3400円
5.（3回）	生命のしくみに学ぶ 情報ネットワーク設計・制御	若宮 直紀 荒川 伸一 共著	166	2200円

定価は本体価格+税です。
定価は変更されることがありますのでご了承下さい。

‖‖‖‖‖‖‖‖‖‖‖‖‖‖‖‖‖‖‖‖‖‖‖‖‖‖‖‖‖‖ 図書目録進呈◆

バイオインフォマティクスシリーズ

（各巻A5判）

■監修　浜田　道昭

配本順				頁	本体
1.	バイオインフォマティクスのための生命科学入門	福永　津嵩 岩切　淳一	共著		
2.（1回）	生物ネットワーク解析	竹本　和広著		222	3200円
	生物統計	木立　尚孝著			
	システムバイオロジー	宇田　新介著			
	ゲノム配列情報解析	三澤　計治著			
	エピゲノム情報解析	齋藤　裕著			
	トランスクリプトーム解析	尾崎　遼 松本　拡高	共著		
	RNA配列情報解析	佐藤　健吾著			
	タンパク質の立体構造情報解析	富井　健太郎著			
	プロテオーム情報解析	吉沢　明康著			
	ゲノム進化解析	岩崎　渉著			
	ケモインフォマティクス	山西　芳裕 金子　弘昌	共著		
	生命情報科学におけるプライバシー保護	清水　佳奈著			
	多因子疾患のゲノムインフォマティクス ―ゲノムワイド関連解析，ポリジェニックリスクスコア，ゲノムコホート研究―	八谷　剛史著			

定価は本体価格＋税です。
定価は変更されることがありますのでご了承下さい。

図書目録進呈◆